全国技工院校3D打印技术应用专业教材（中/高级技能层级）

产品三维建模与结构设计上机实训图集

祝平蕾　主编

中国劳动社会保障出版社

简介

本书为全国技工院校 3D 打印技术应用专业教材（中 / 高级技能层级）《产品三维建模与结构设计（UG）》《产品三维建模与结构设计（SolidWorks）》和《产品三维建模与结构设计（Creo）》的配套用书。本实训图集覆盖了 3D 打印产品三维建模与结构设计的主要工作对象，内容丰富，实用性强，包括草图绘制、实体建模、曲面建模、组件装配四个篇章，所选练习题目具有代表性，且遵循由浅入深、由易到难、循序渐进的学习规律。练习题目采用标准工程图展示，并添加了实体渲染图，可减轻教师和学生“教”与“学”的负担，降低学生的学习难度，有助于学生复习巩固所学知识。

本实训图集可作为 CAD 培训用书，也可供中高等职业学校的增材制造技术应用、计算机辅助设计与制造等相关专业使用。

本书由祝平蕾任主编，刘凡任副主编，姚辉、高鹏、王永胜参加编写；孟莉任主审，王希波参加审稿。

图书在版编目（CIP）数据

产品三维建模与结构设计上机实训图集 / 祝平蕾主编 . -- 北京：中国劳动社会保障出版社，2022
全国技工院校 3D 打印技术应用专业教材 . 中、高级技能层级
ISBN 978-7-5167-4948-7

Ⅰ. ①产…　Ⅱ. ①祝…　Ⅲ. ①产品设计 – 计算机辅助设计 – 应用软件 – 技工学校 – 教材　Ⅳ. ①TB472-39

中国版本图书馆 CIP 数据核字（2022）第 000399 号

中国劳动社会保障出版社出版发行
（北京市惠新东街 1 号　邮政编码：100029）
*
北京市艺辉印刷有限公司印刷装订　新华书店经销
787 毫米 ×1092 毫米　16 开本　8.75 印张　182 千字
2022 年 3 月第 1 版　2025 年 9 月第 5 次印刷
定价：24.00 元

营销中心电话：400-606-6496
出版社网址：http://www.class.com.cn
http://jg.class.com.cn

目录

CONTENTS

第一篇 草图绘制

一、基础草图绘制

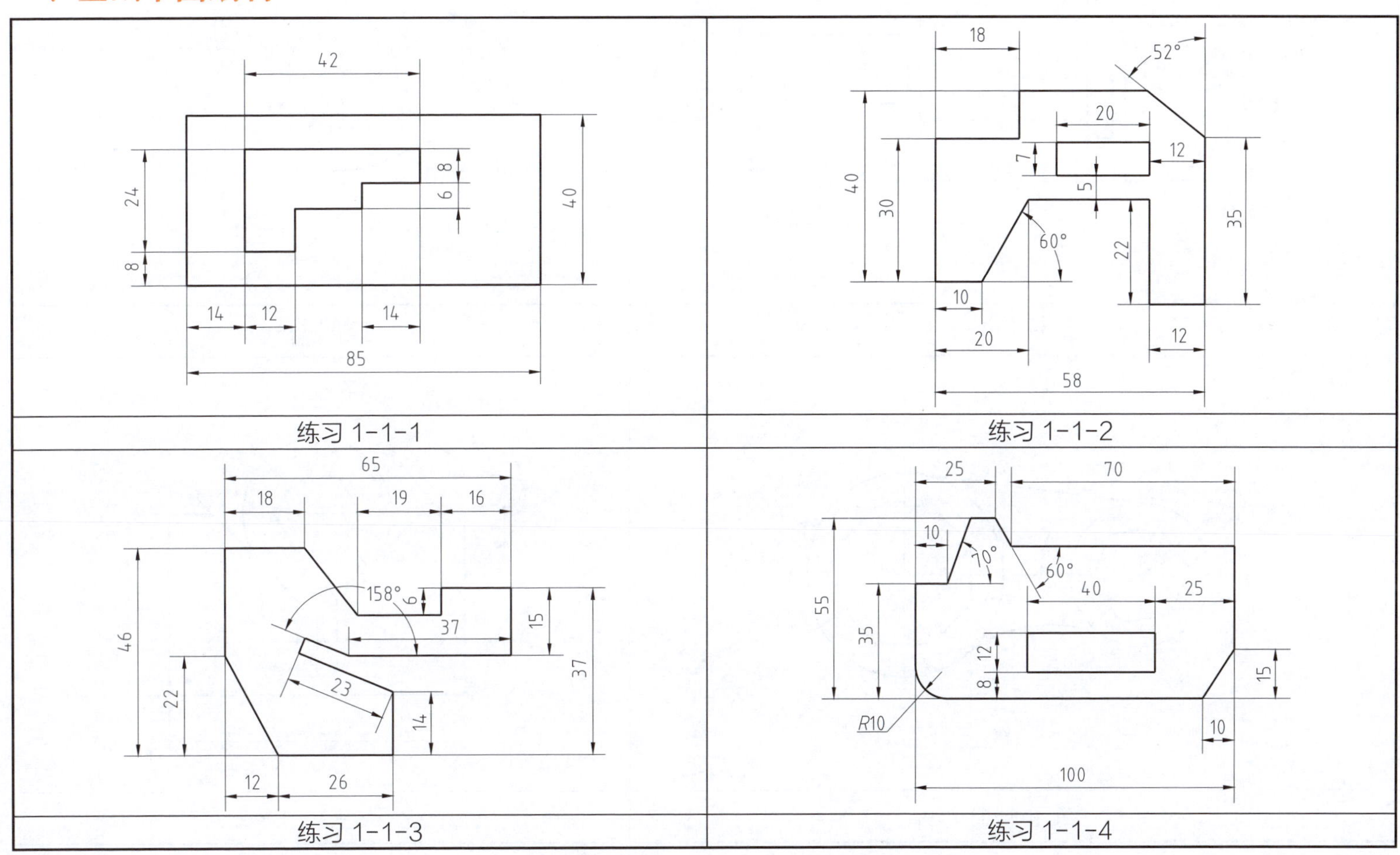

练习 1-1-1

练习 1-1-2

练习 1-1-3

练习 1-1-4

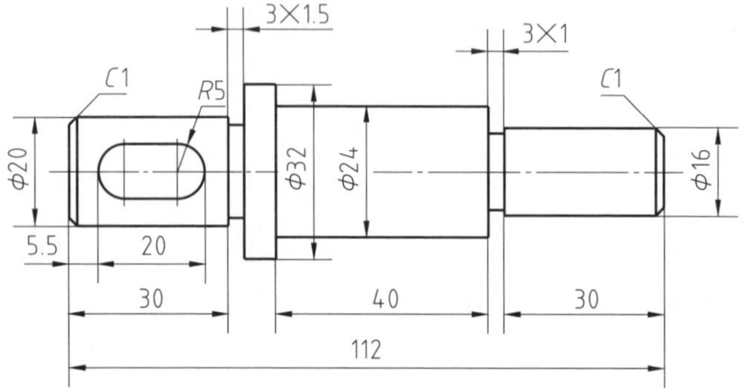

练习 1-1-5

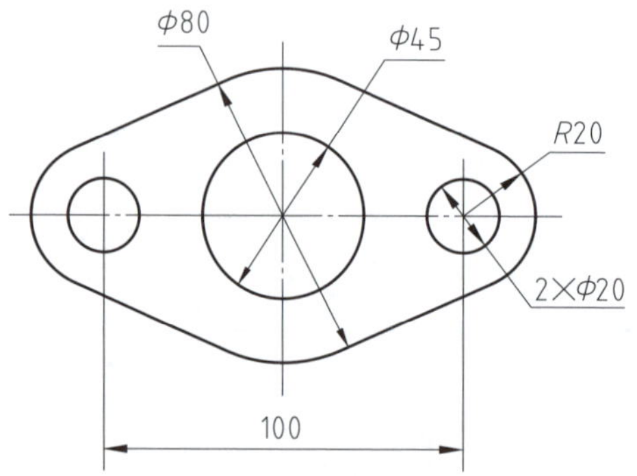

练习 1-1-6

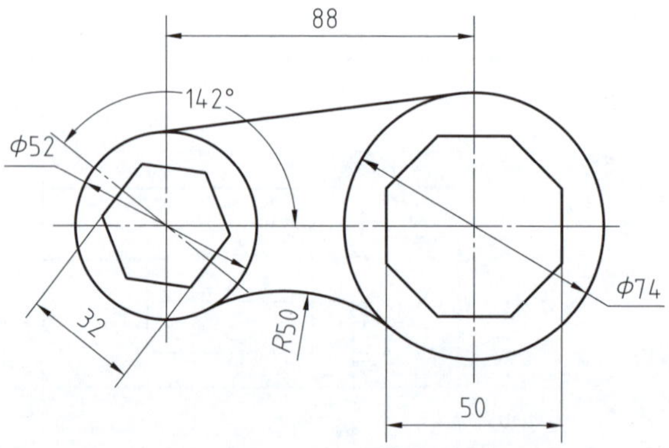

练习 1-1-7

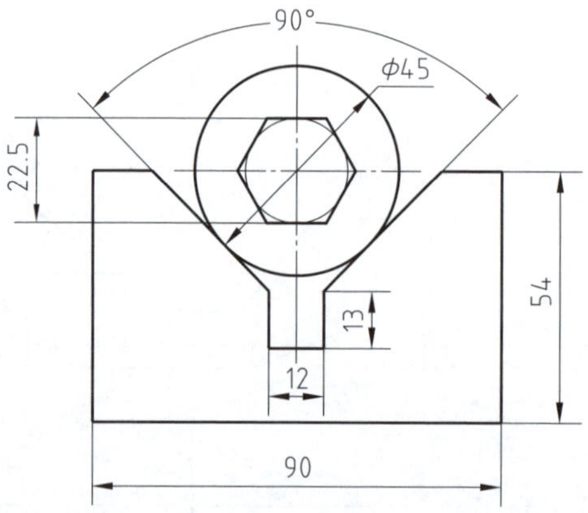

练习 1-1-8

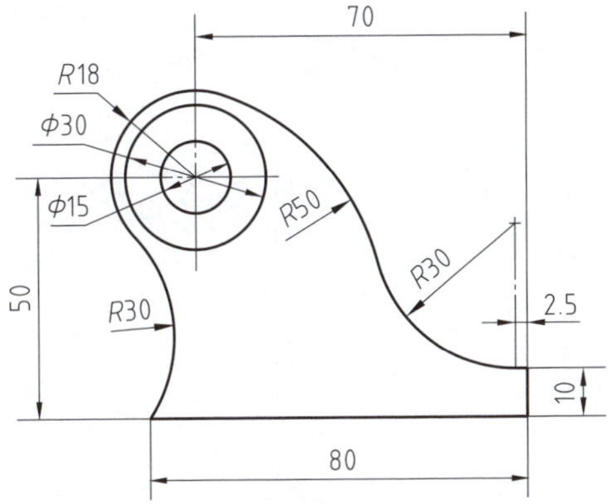

练习 1-1-9

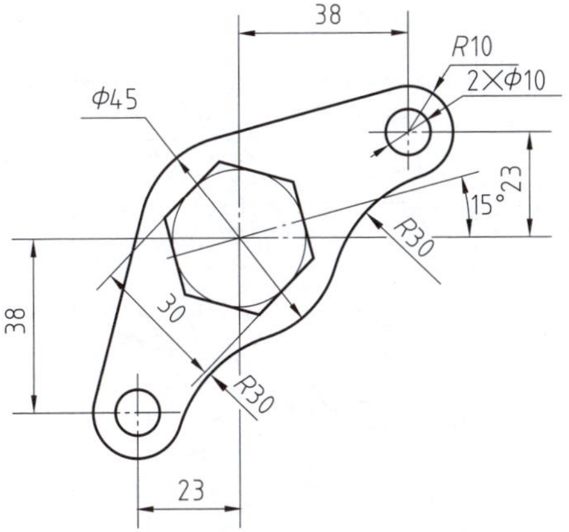

练习 1-1-10

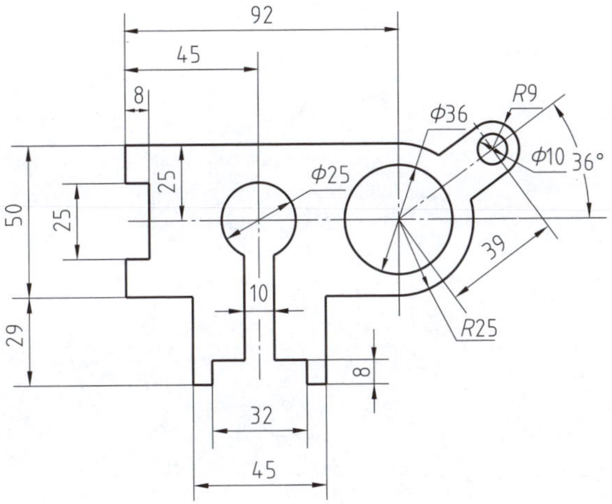

练习 1-1-11

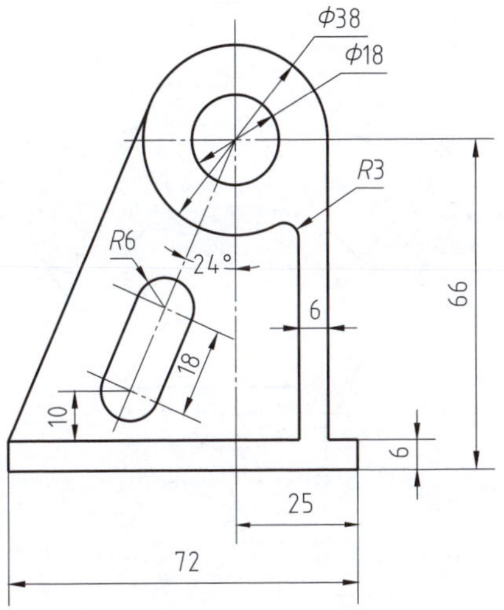

练习 1-1-12

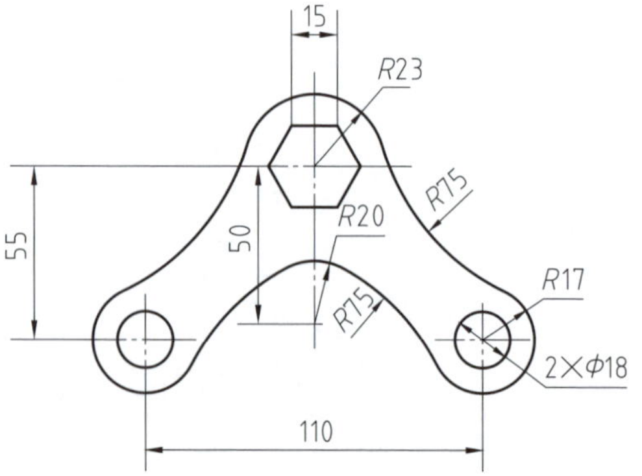

练习 1-1-13

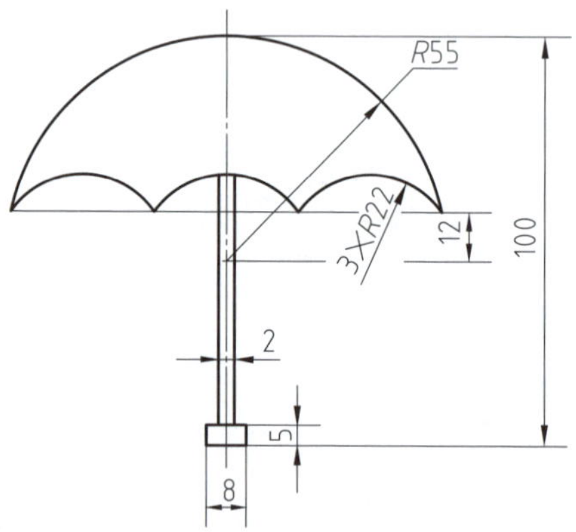

练习 1-1-14

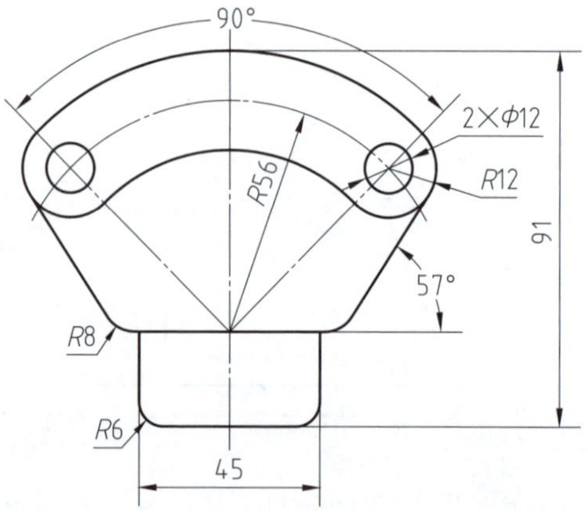

练习 1-1-15

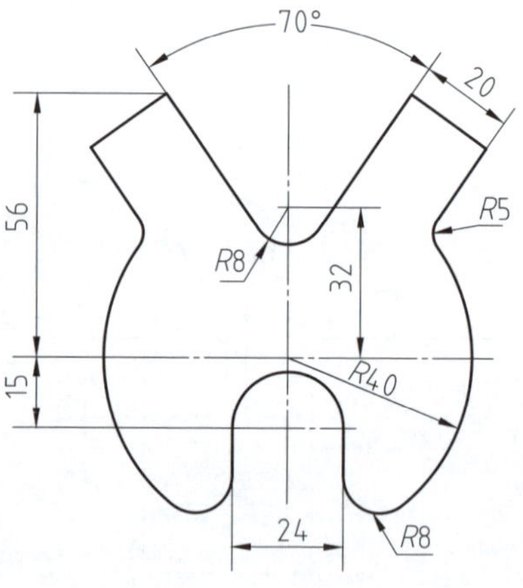

练习 1-1-16

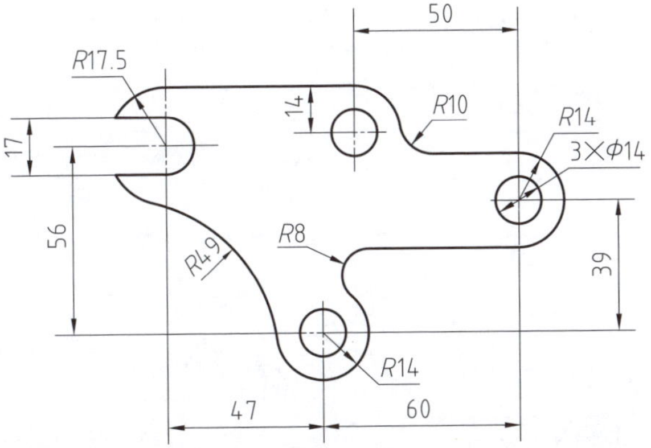

练习 1-1-17

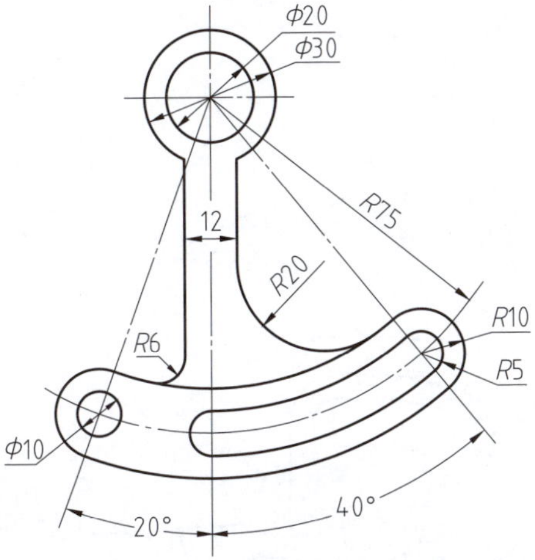

练习 1-1-18

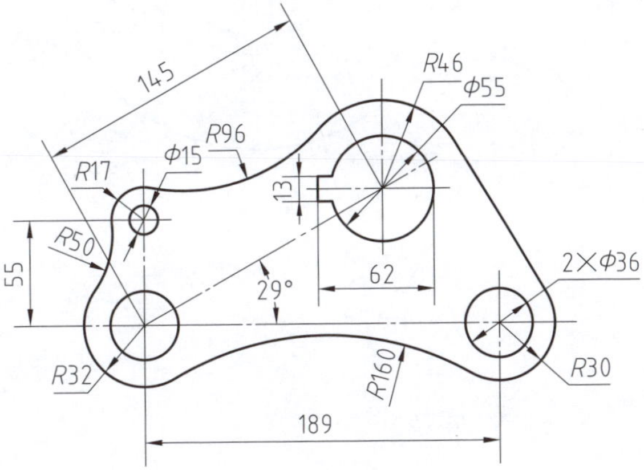

练习 1-1-19

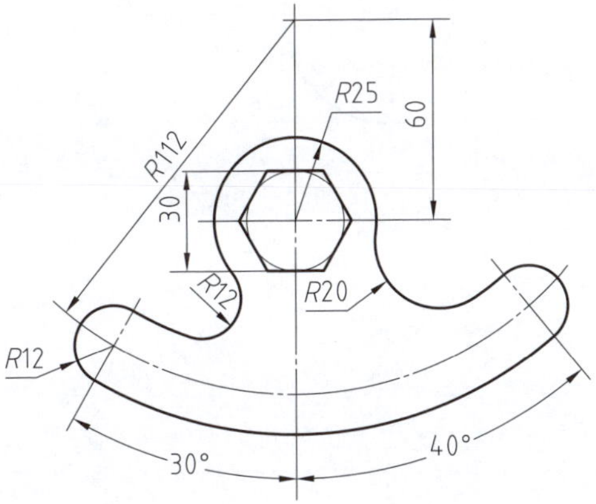

练习 1-1-20

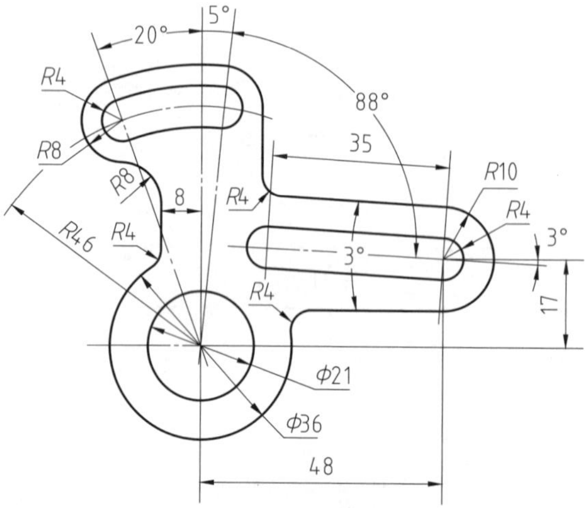

练习 1-1-21

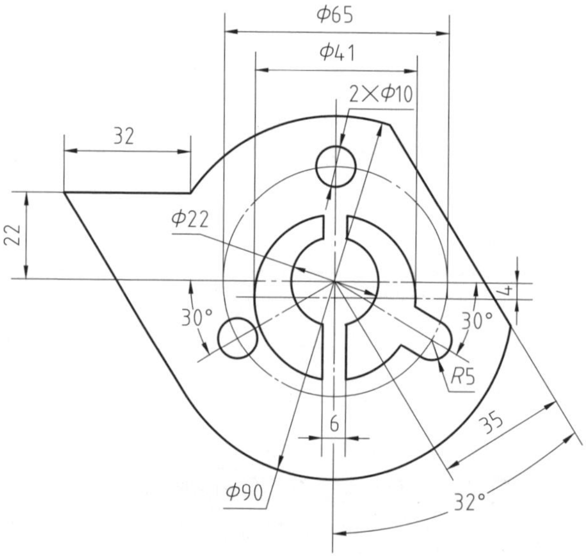

练习 1-1-22

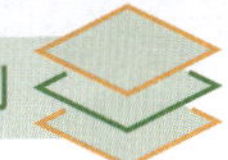

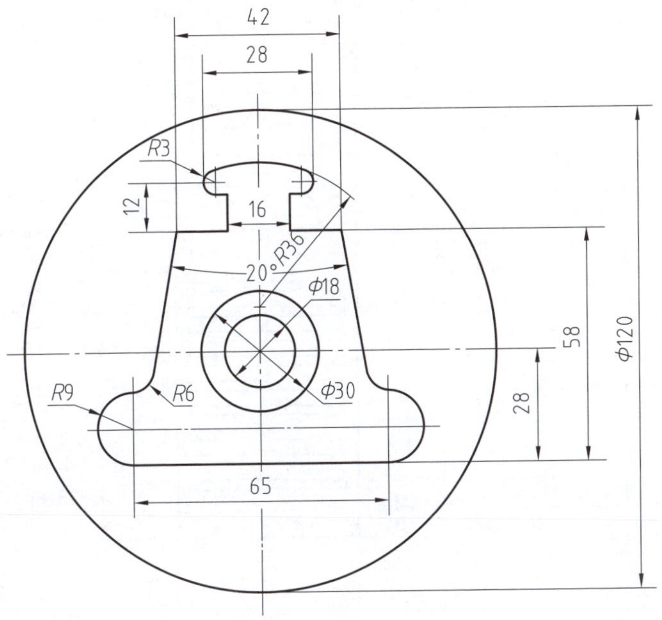

练习 1-1-23

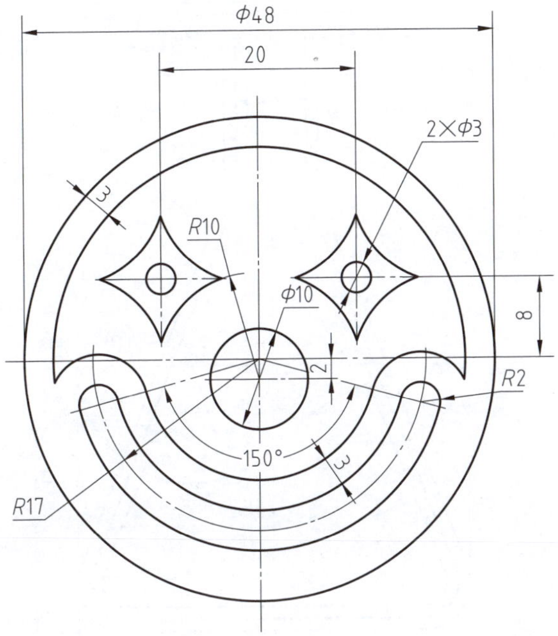

练习 1-1-24

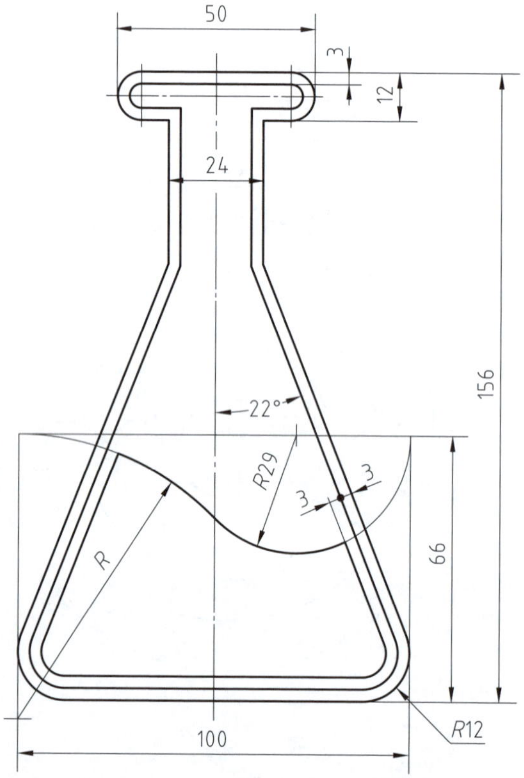

练习 1-1-25

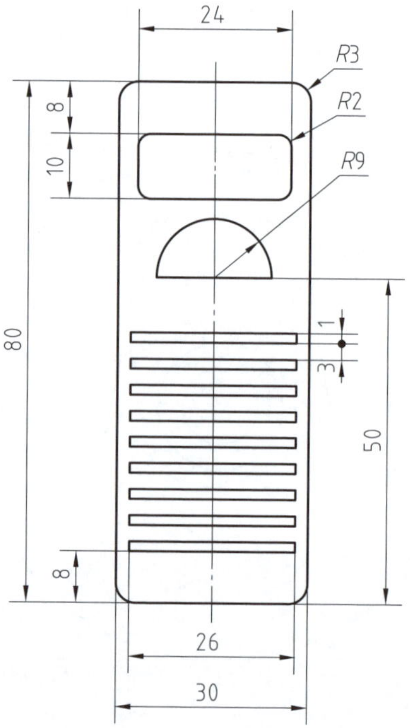

练习 1-1-26

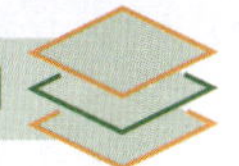

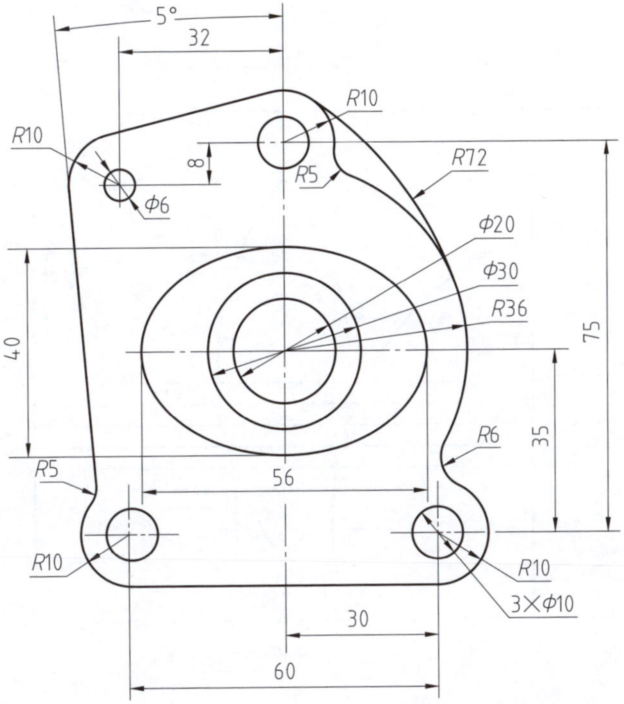

练习 1-1-27

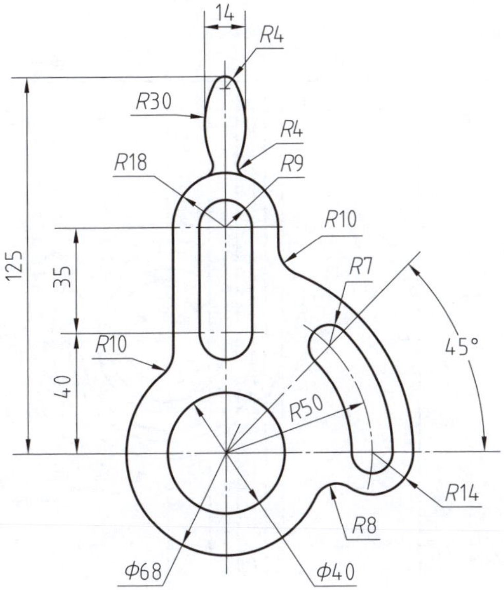

练习 1-1-28

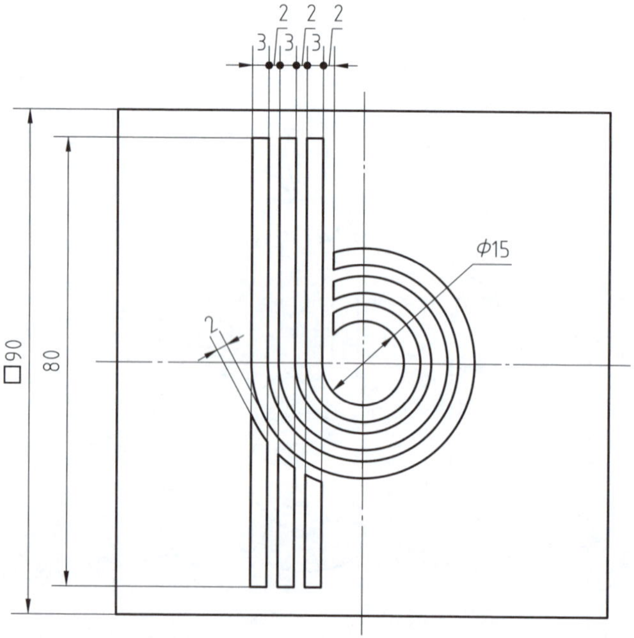

练习 1-1-29

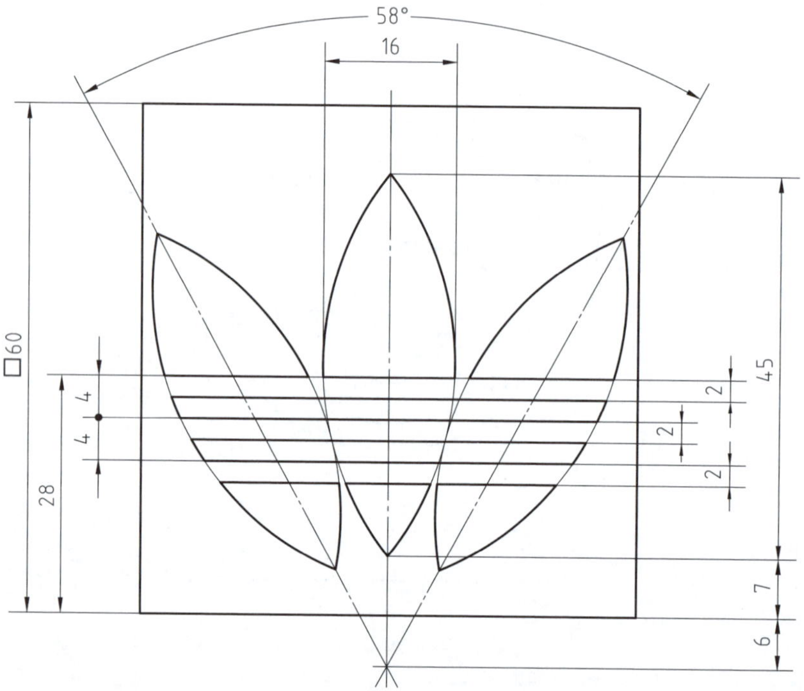

练习 1-1-30

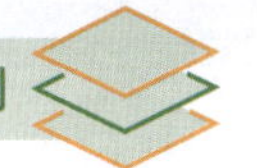

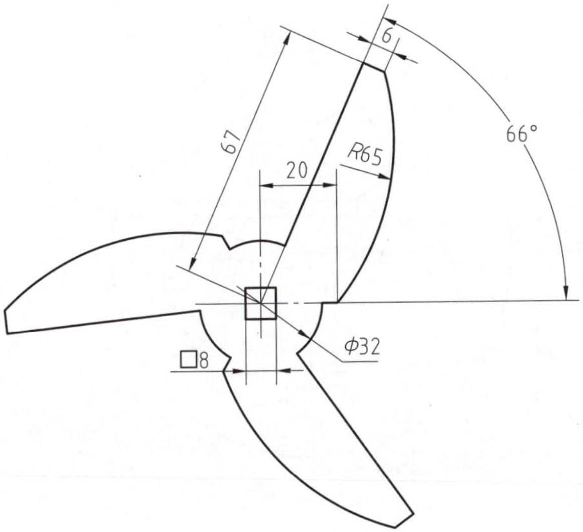

练习 1-1-31

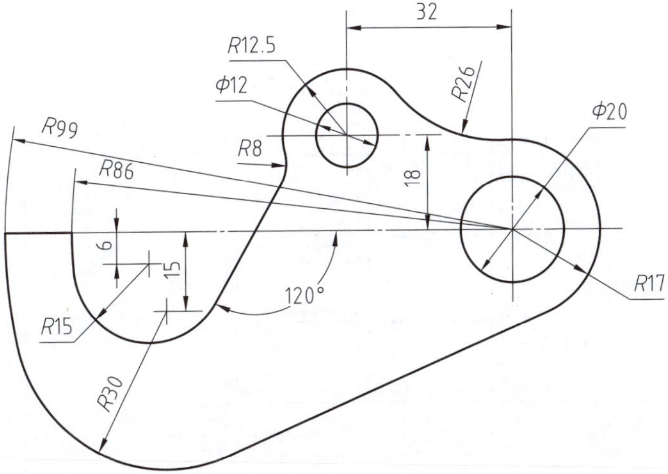

练习 1-1-32

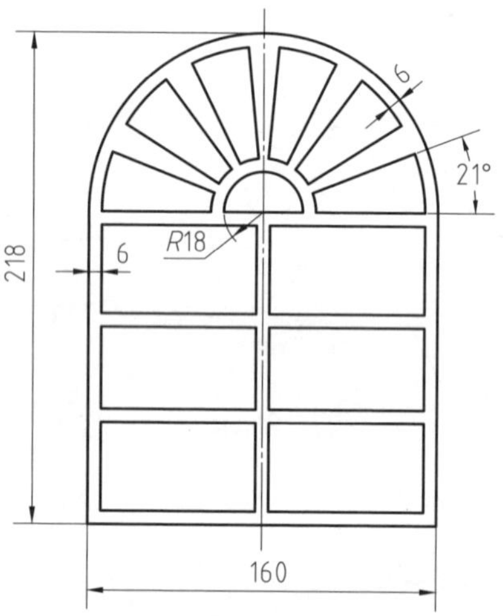

练习 1-1-33

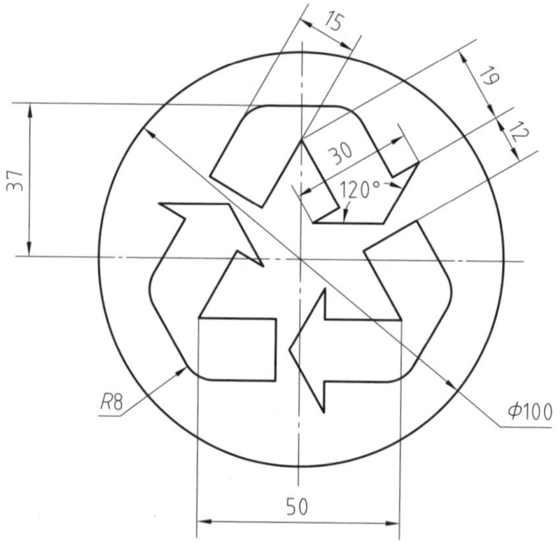

练习 1-1-34

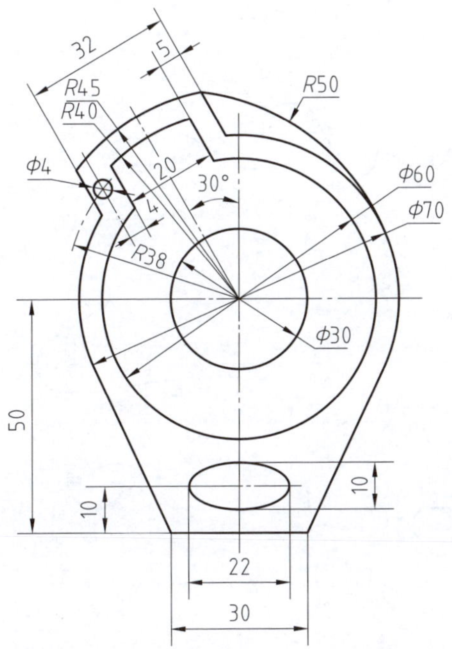

练习 1-1-35

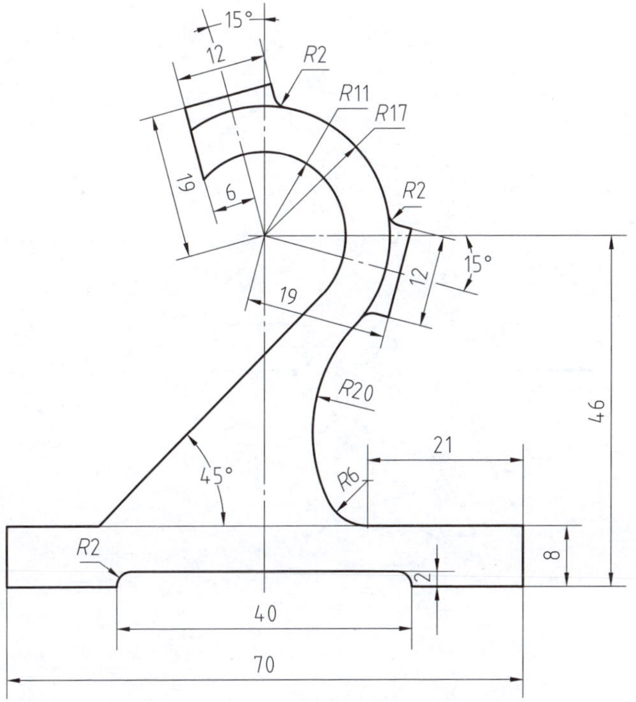

练习 1-1-36

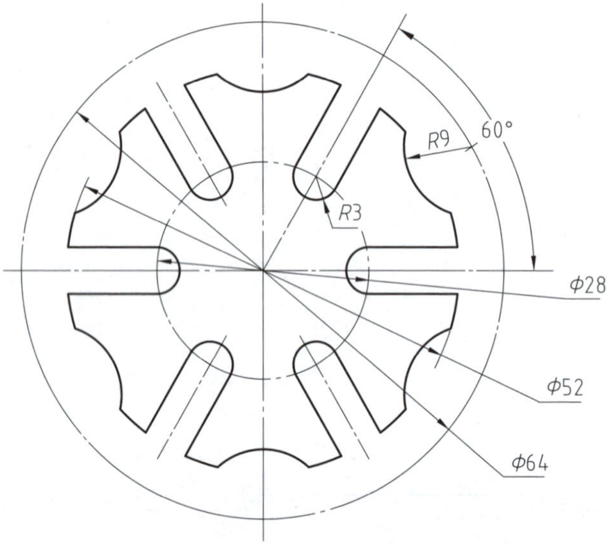

练习 1-1-37

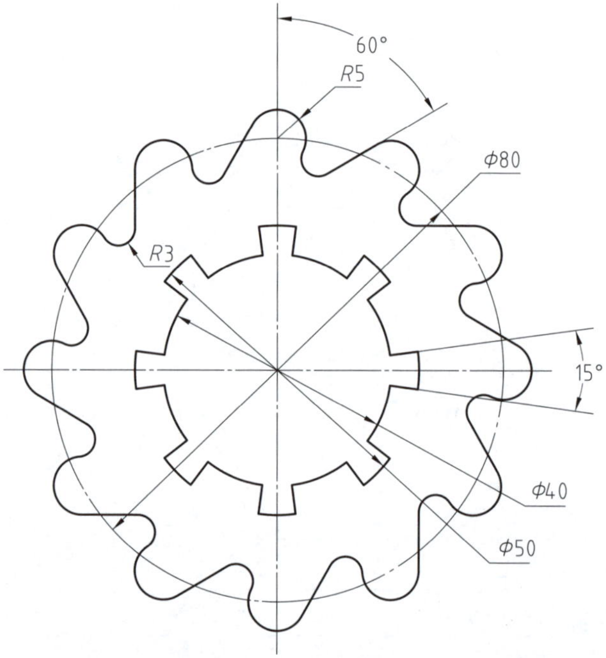

练习 1-1-38

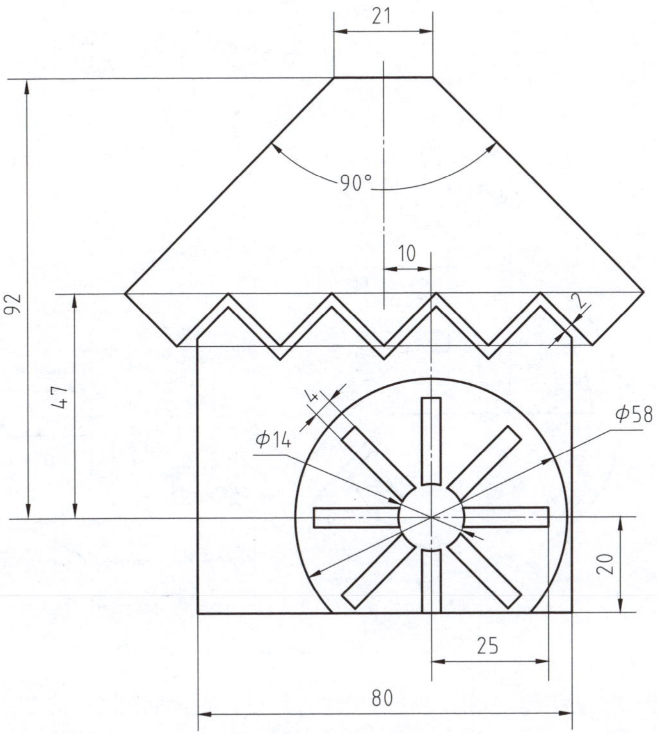

练习 1-1-39

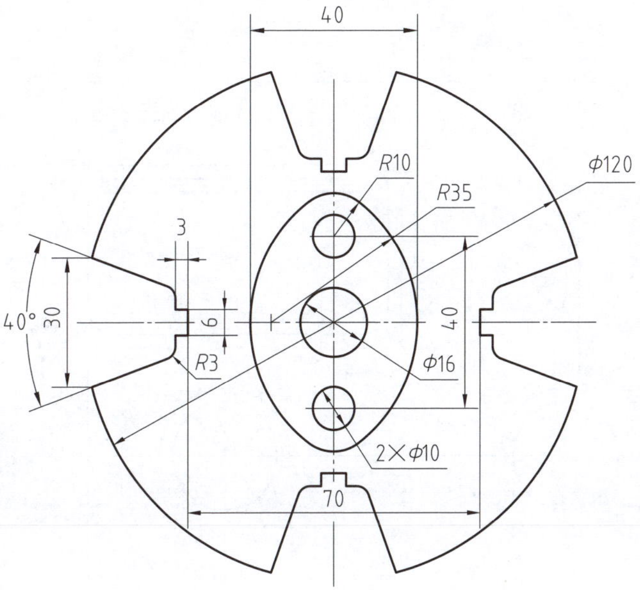

练习 1-1-40

二、复杂草图绘制

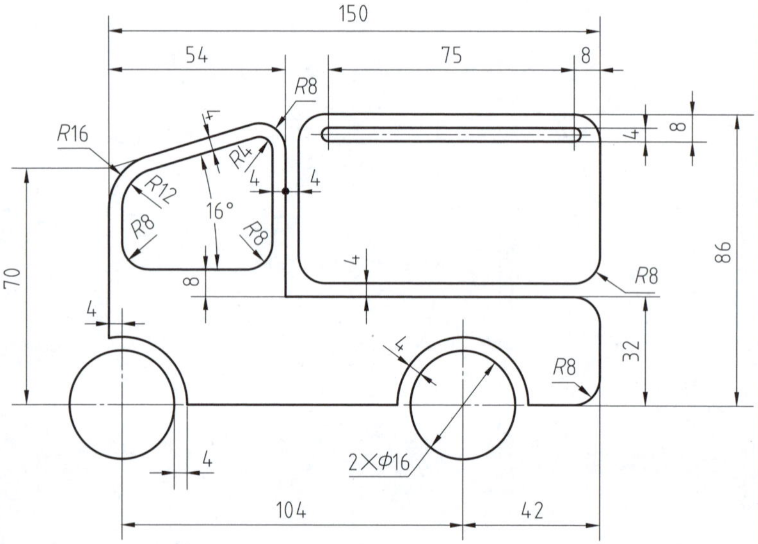

练习 1-2-1

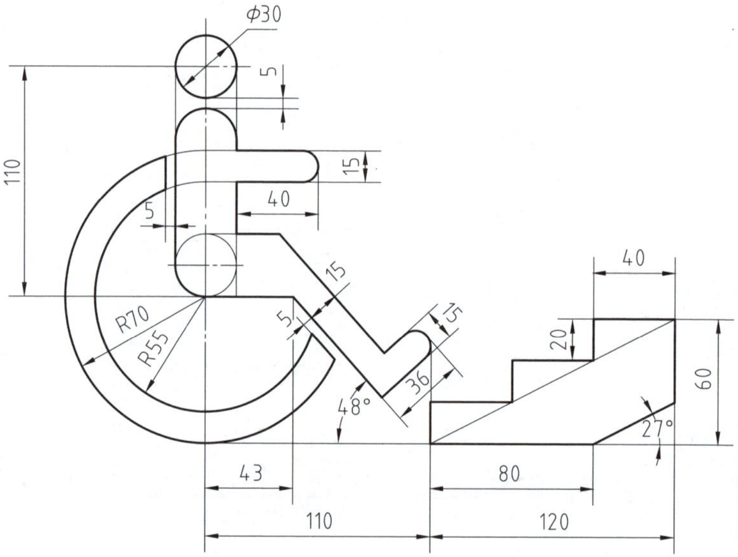

练习 1-2-2

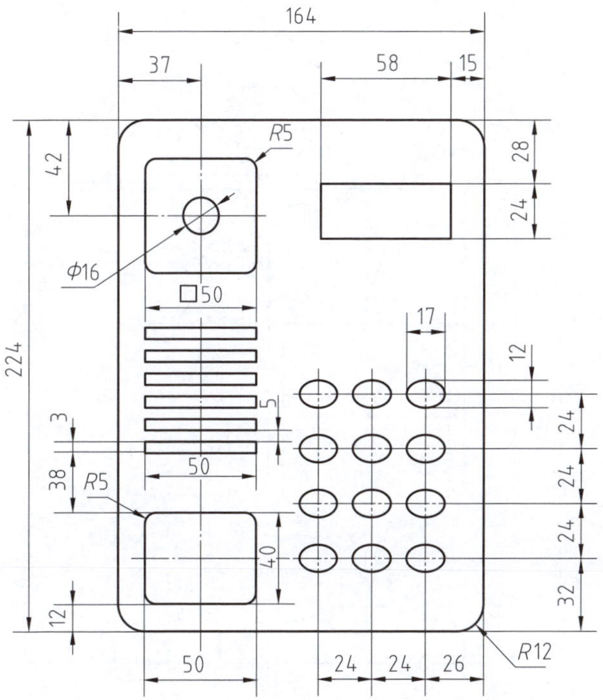
164
37
58
15
R5
42
28
24
Φ16
□50
224
17
12
5
3
24
50
38
R5
24
40
24
32
12
50
24
24
26
R12

练习 1-2-3

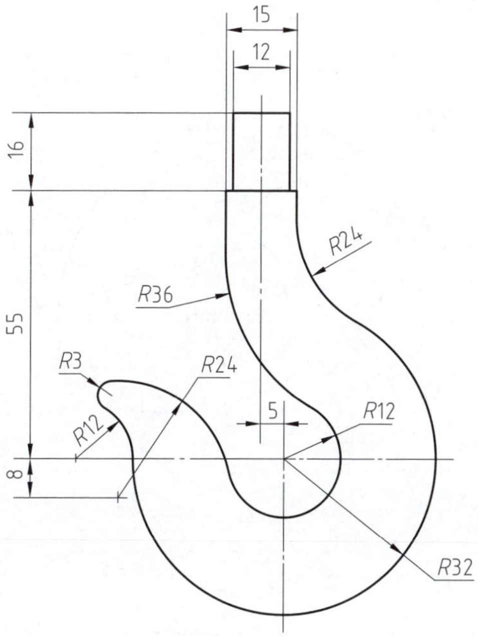
15
12
16
R24
R36
55
R3
R24
R12
5
R12
8
R32

练习 1-2-4

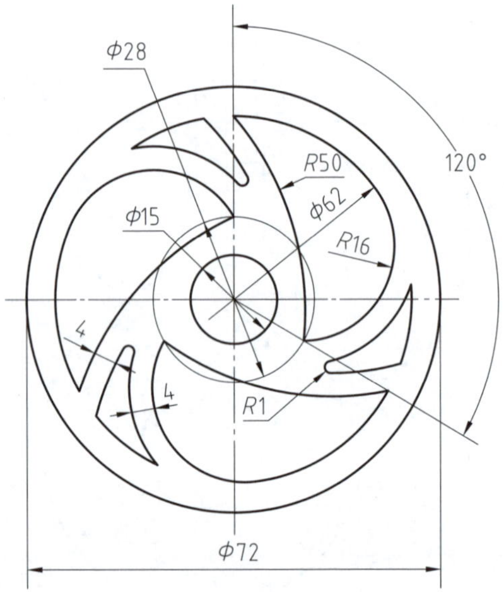

练习 1-2-5

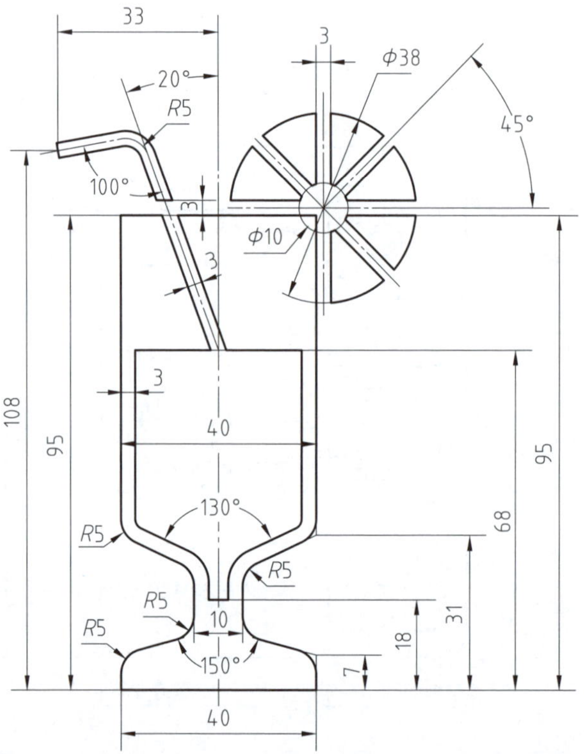

练习 1-2-6

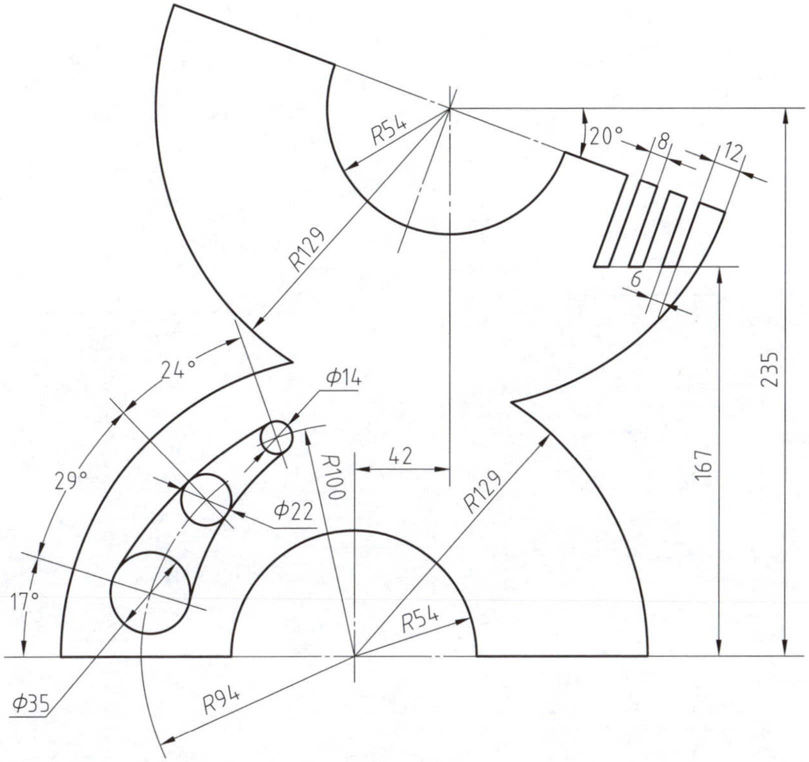

练习 1-2-7

练习 1-2-8

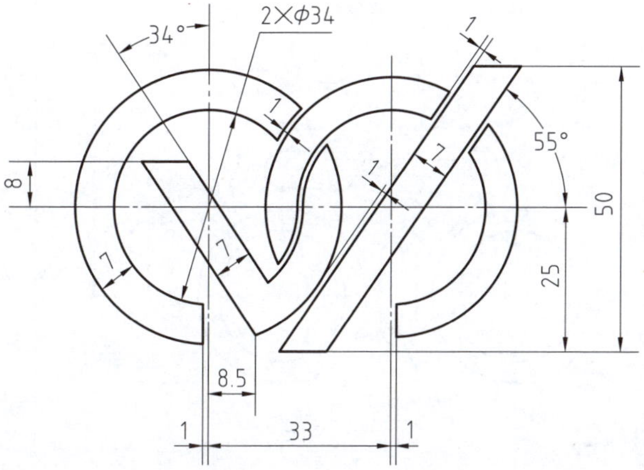

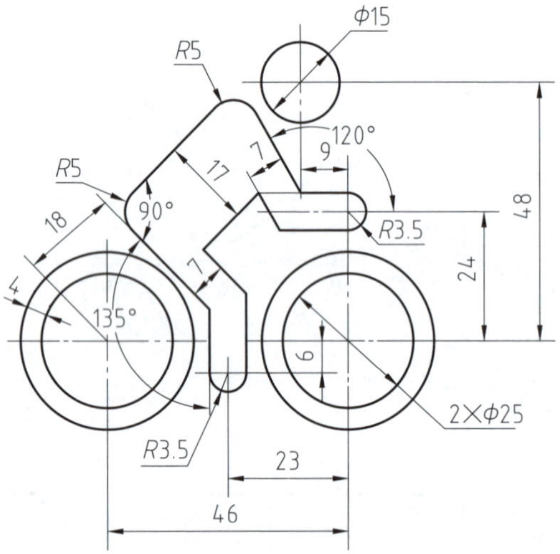

练习 1-2-9

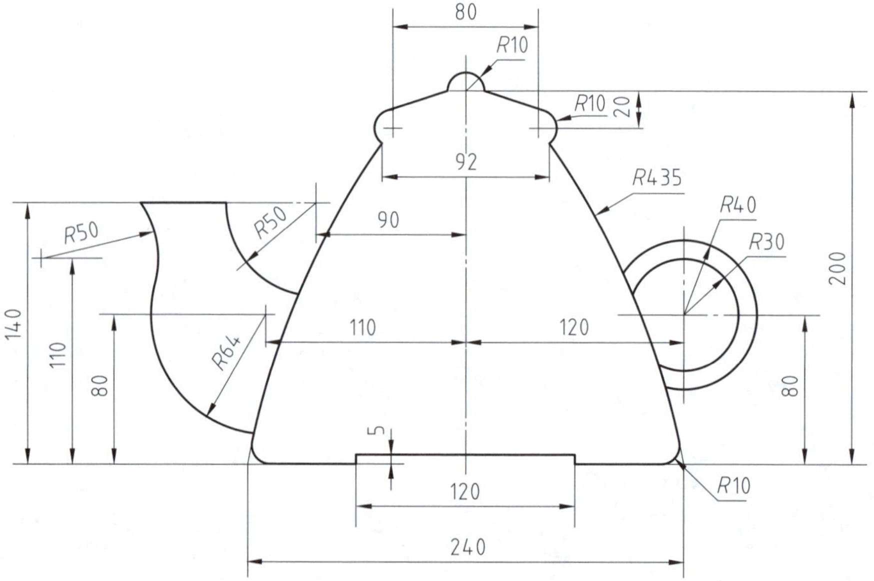

练习 1-2-10

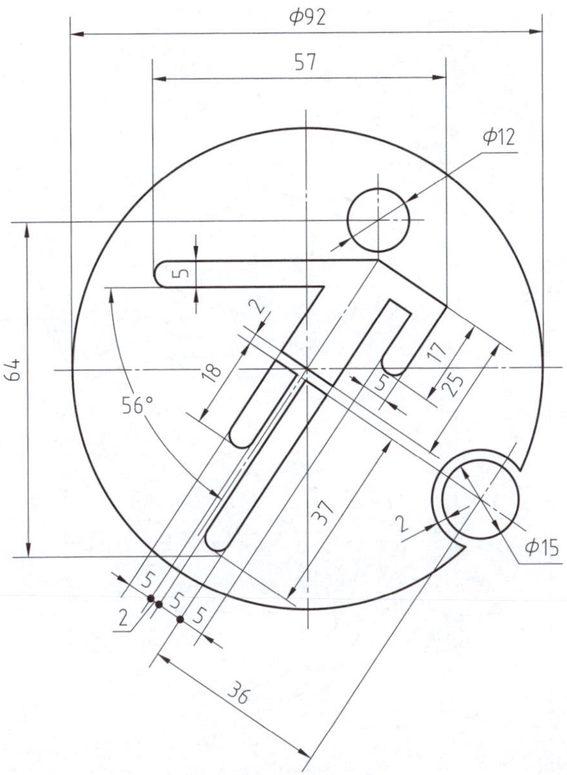

练习 1-2-11

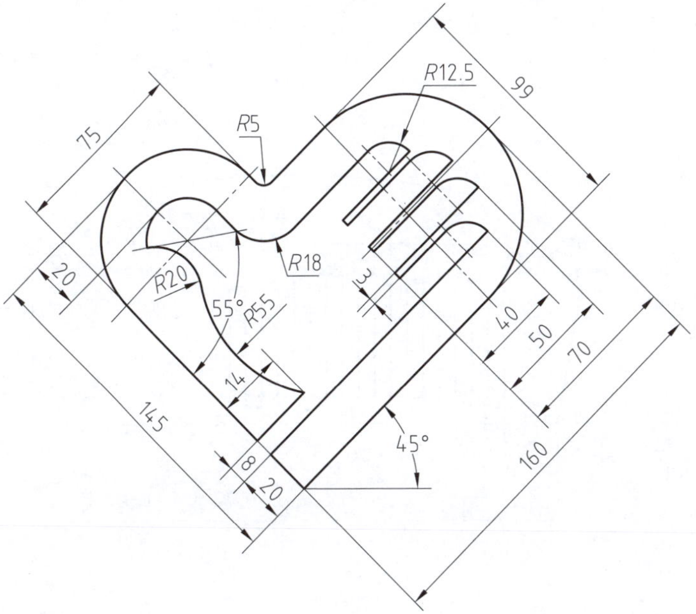

练习 1-2-12

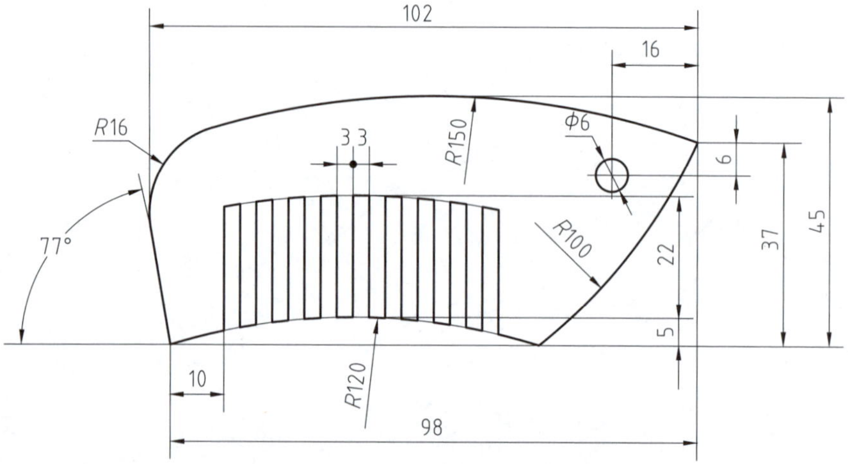

练习 1-2-13

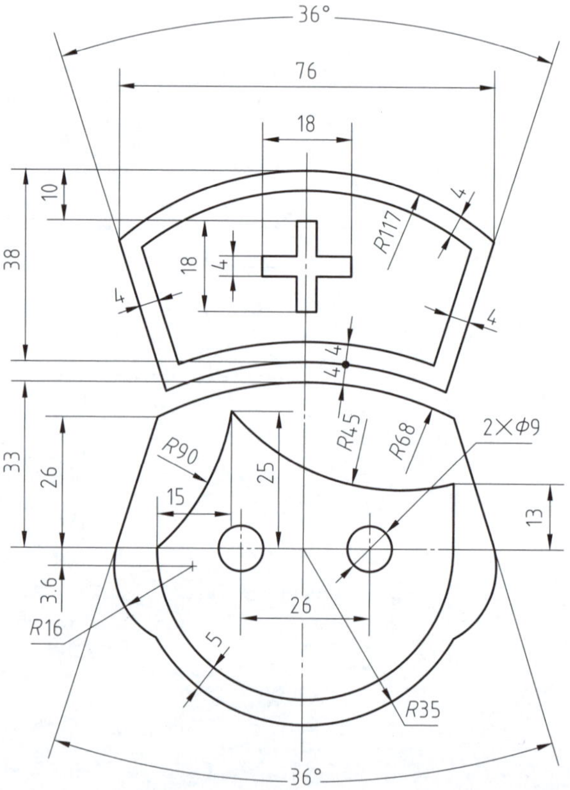

练习 1-2-14

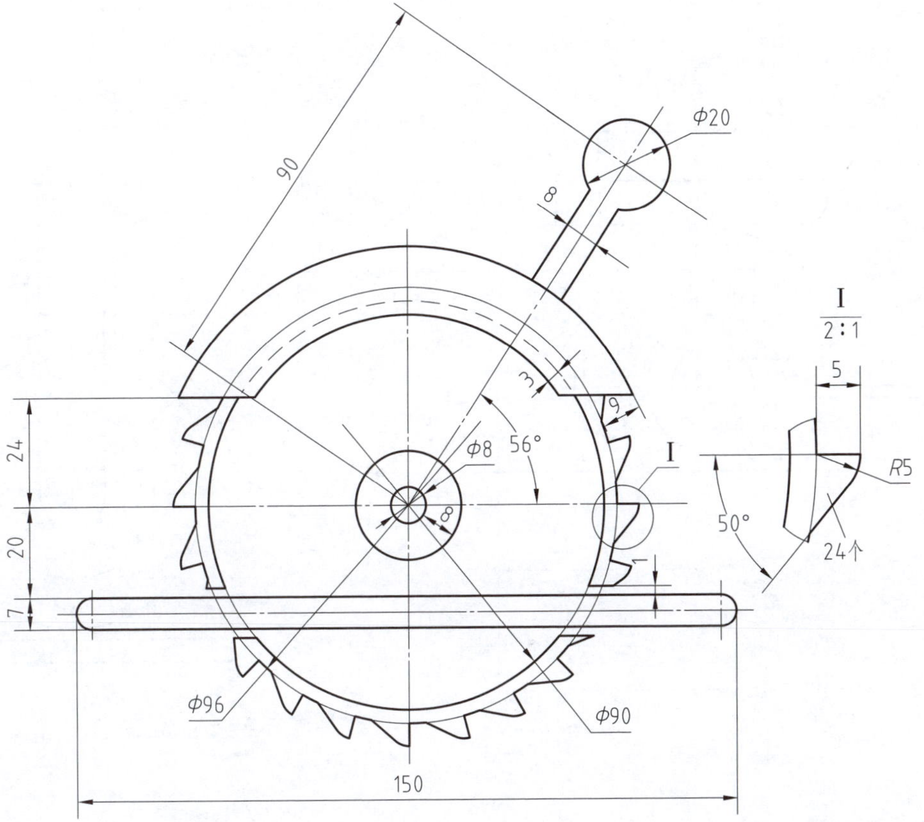

练习 1-2-15

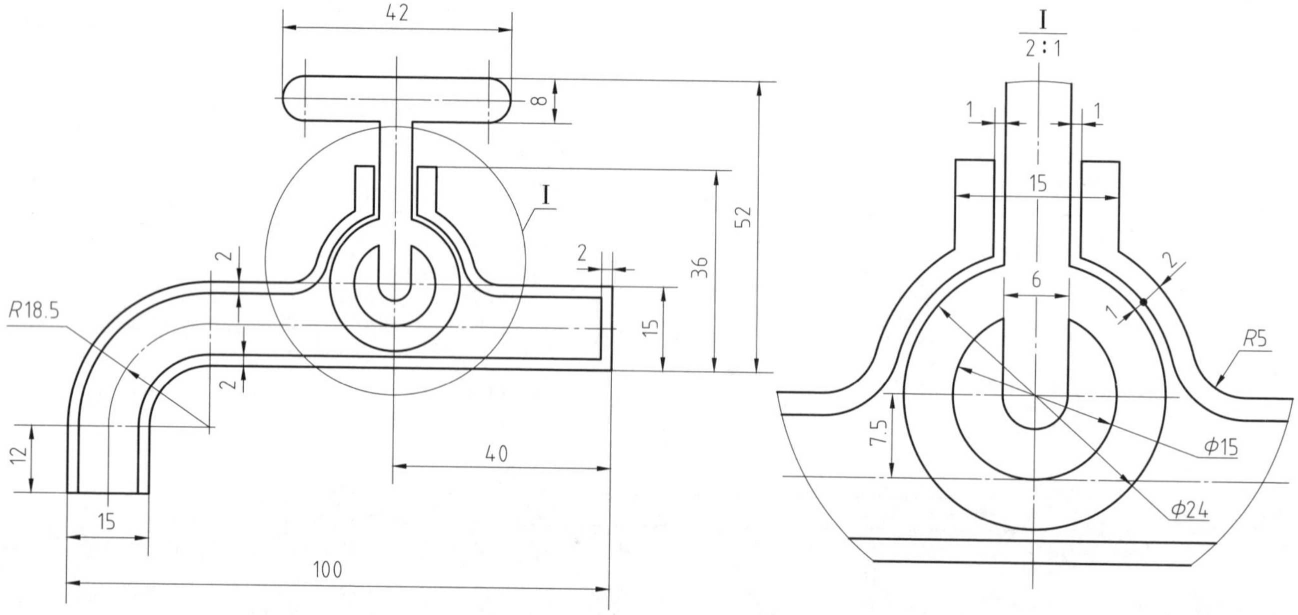

练习 1-2-16

17
45
I
10
R5
2
35
45°
20
30°
45°
7
R30
15
Φ100
I
2:1
R23
3
R6
Φ3
2
R18
90°
R6
R7
20

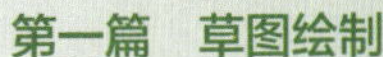

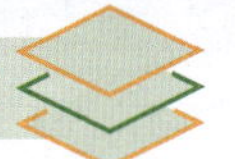

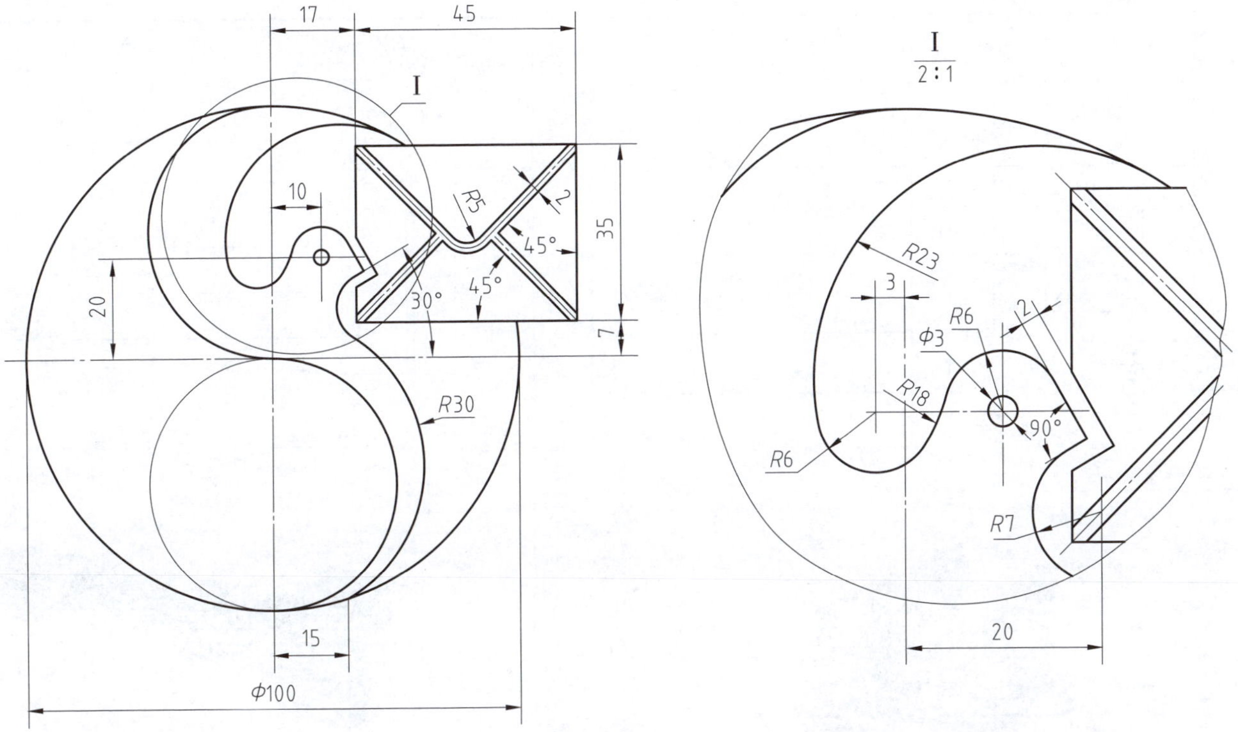

练习 1-2-17

第二篇　实 体 建 模

一、拉伸特征建模

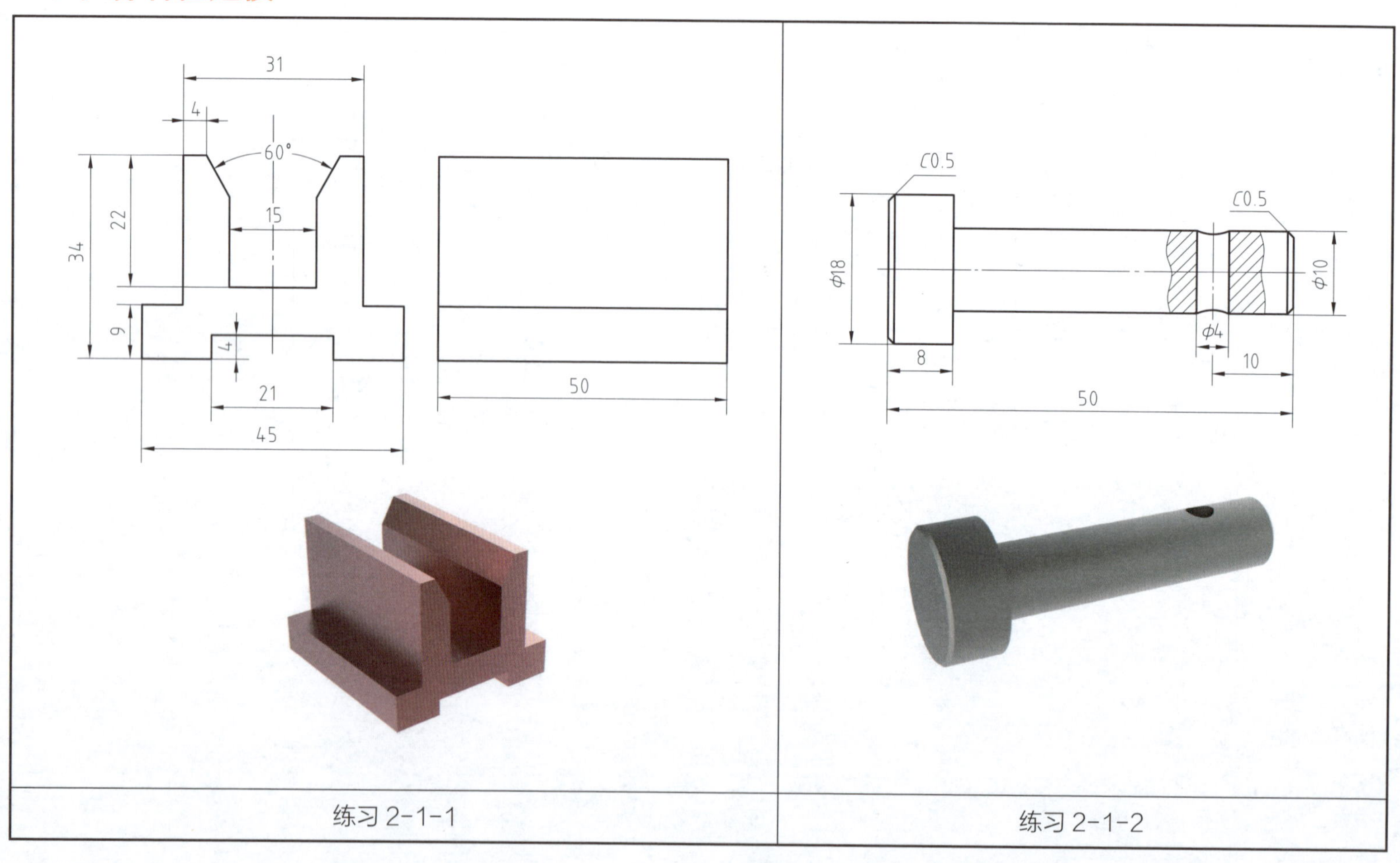

练习 2-1-1

练习 2-1-2

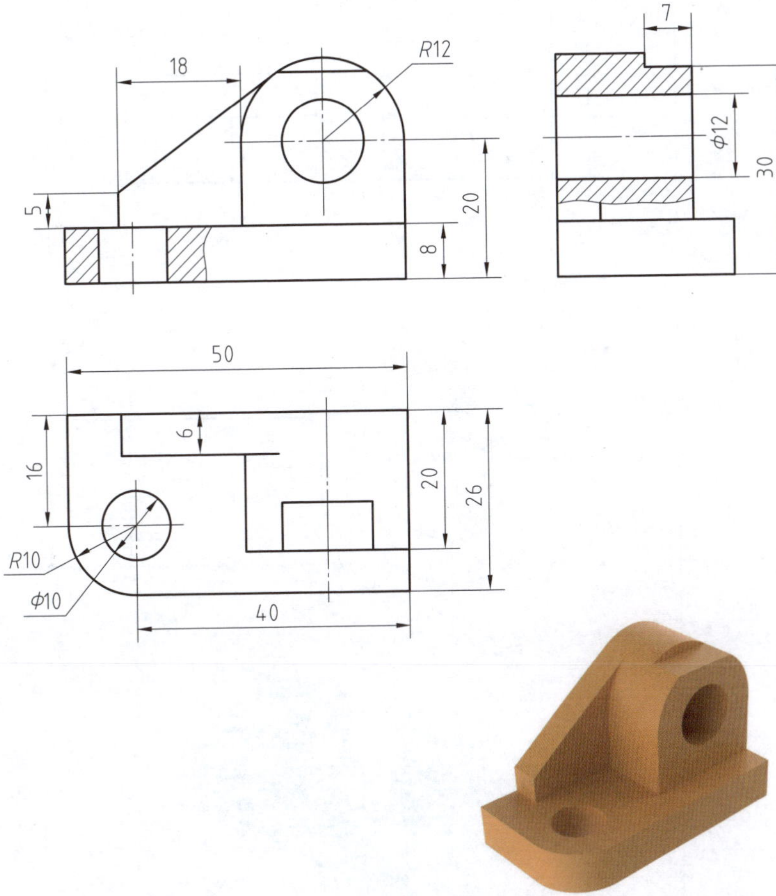

练习 2-1-3

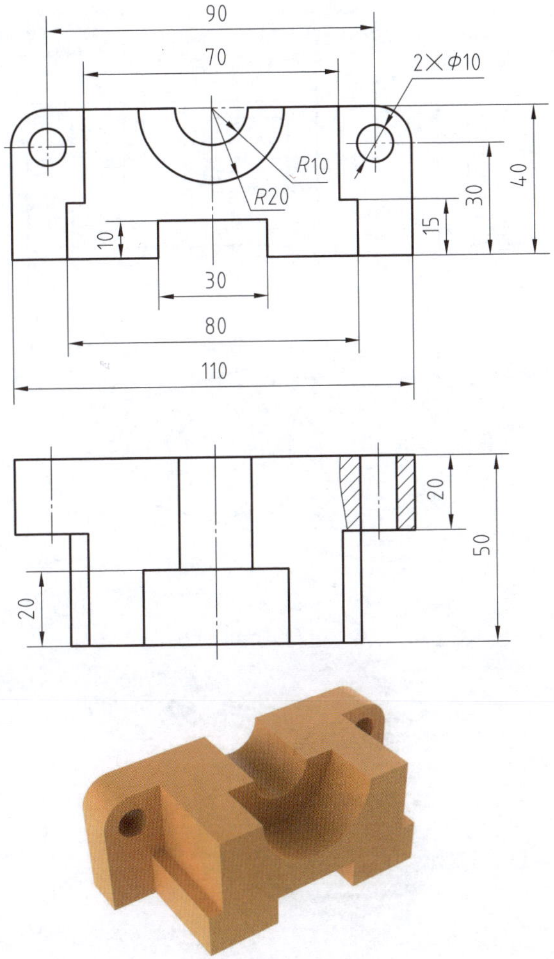

练习 2-1-4

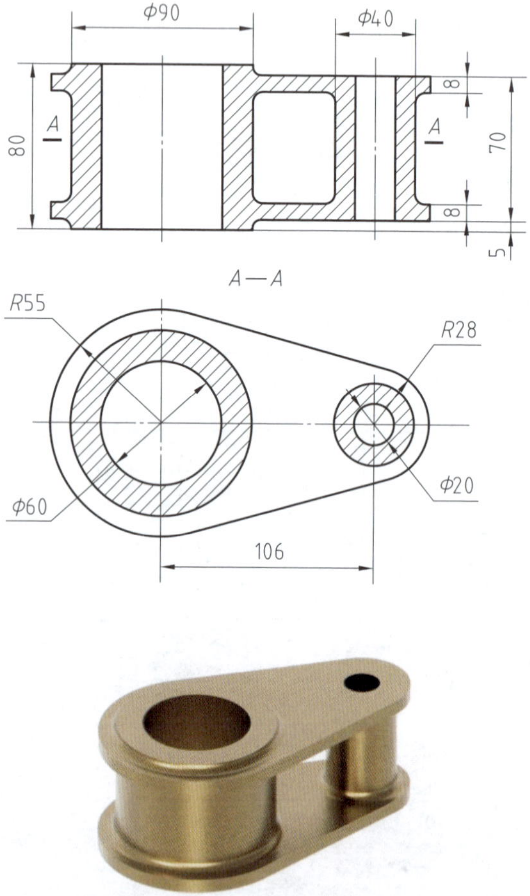

技术要求

未注圆角为R3。

练习 2-1-5

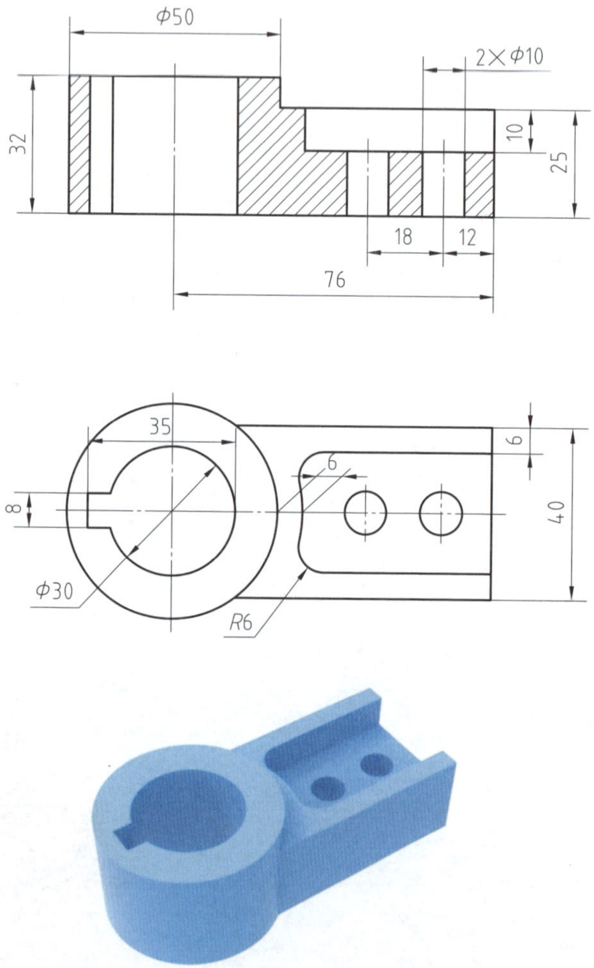

练习 2-1-6

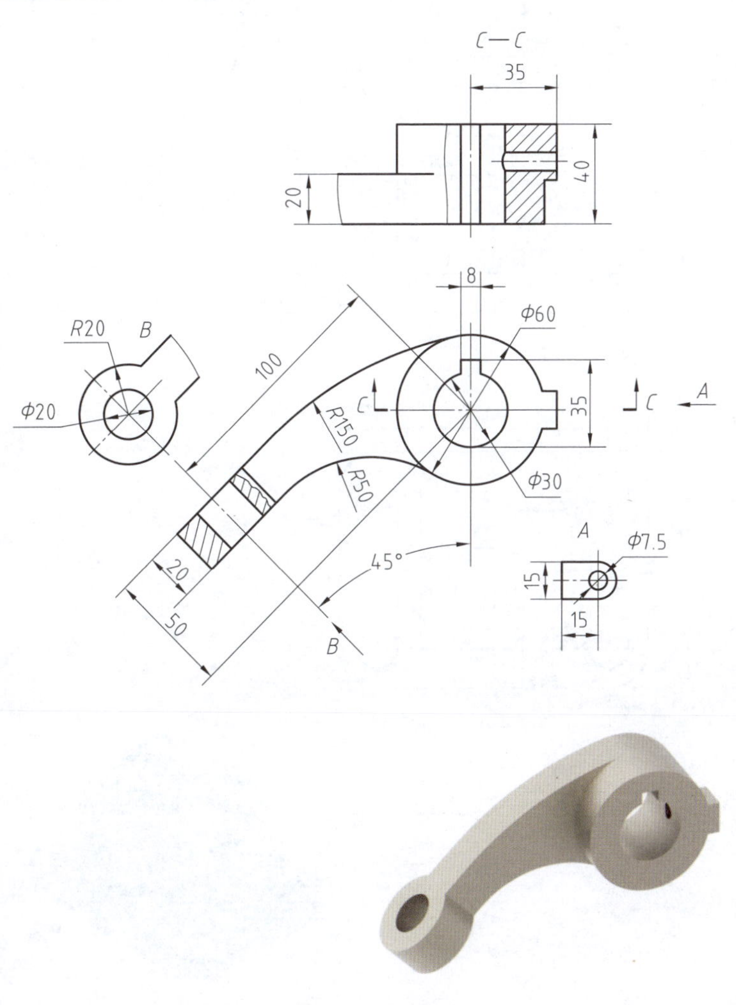

练习 2-1-7

练习 2-1-8

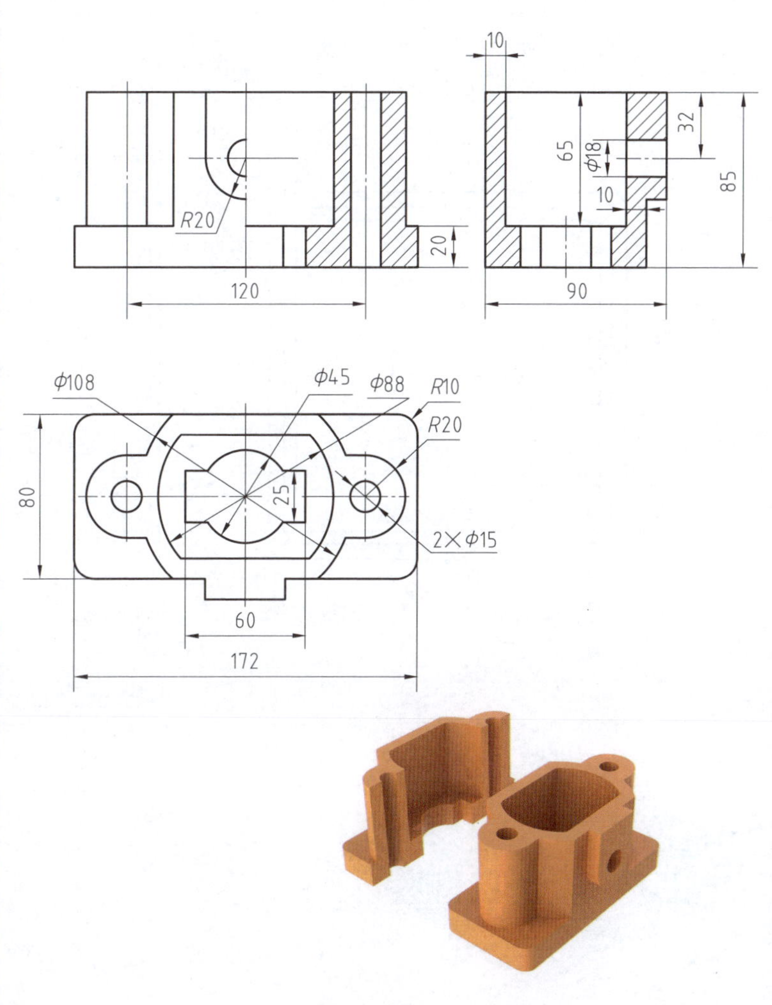

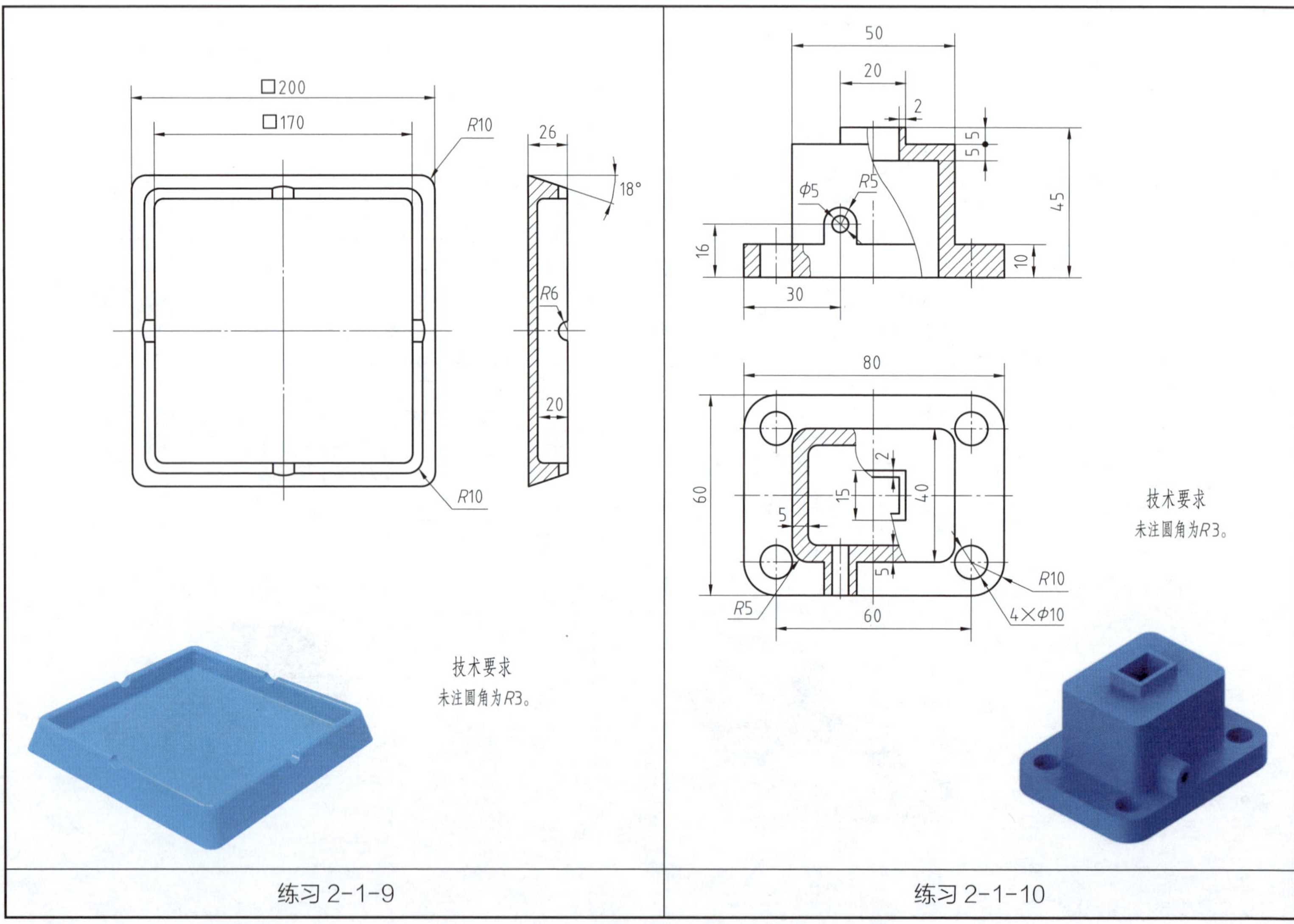
□200
□170
R10
26
18°
R6
20
R10
技术要求
未注圆角为R3。
练习 2-1-9
50
20
2
5
5
45
Φ5
R5
16
10
30
80
60
2
15
40
5
5
R10
R5
60
4×Φ10
技术要求
未注圆角为R3。
练习 2-1-10

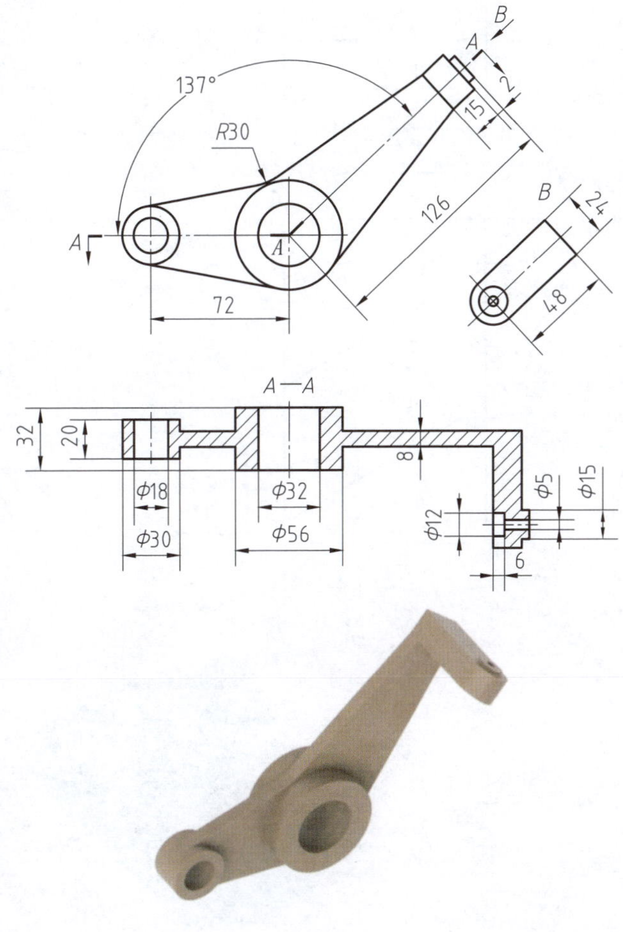

练习 2-1-11

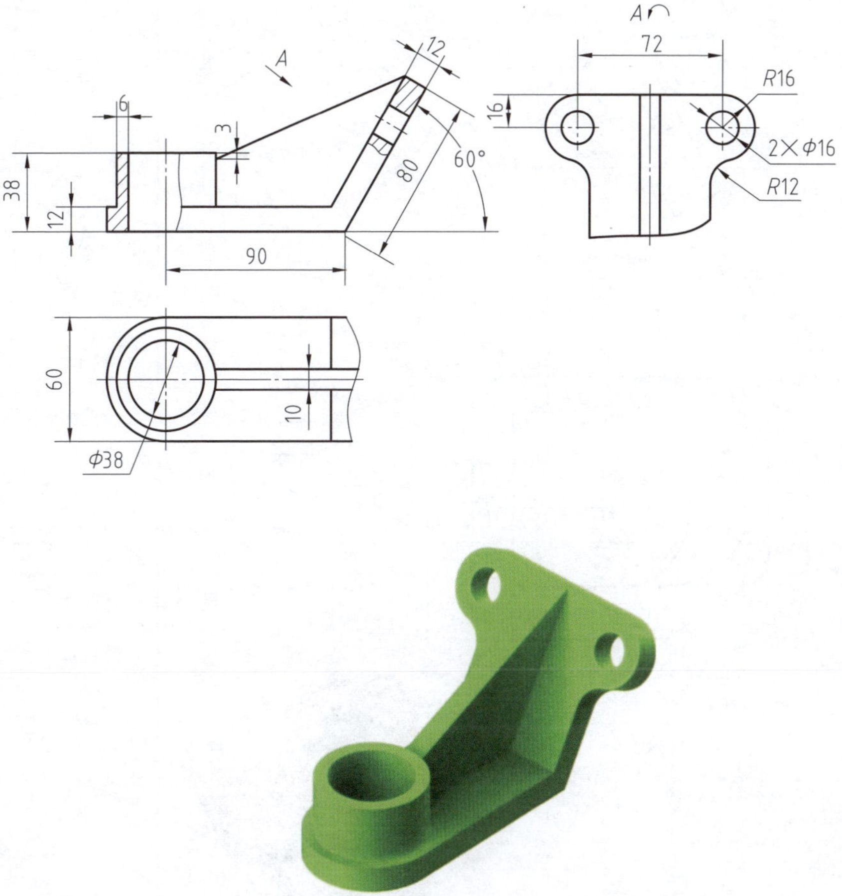

练习 2-1-12

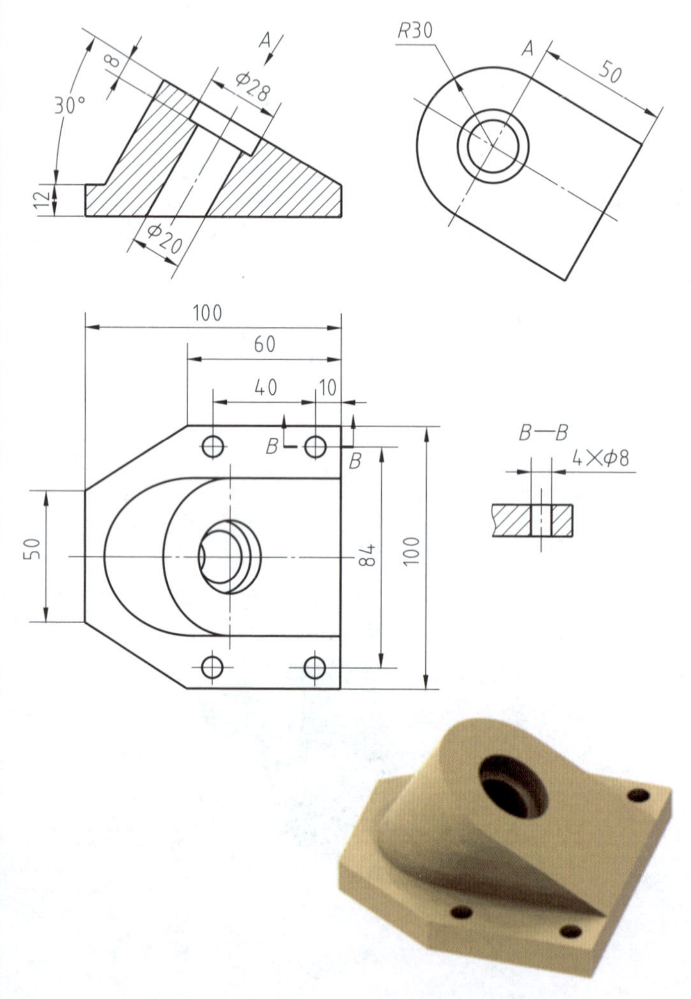

练习 2-1-13

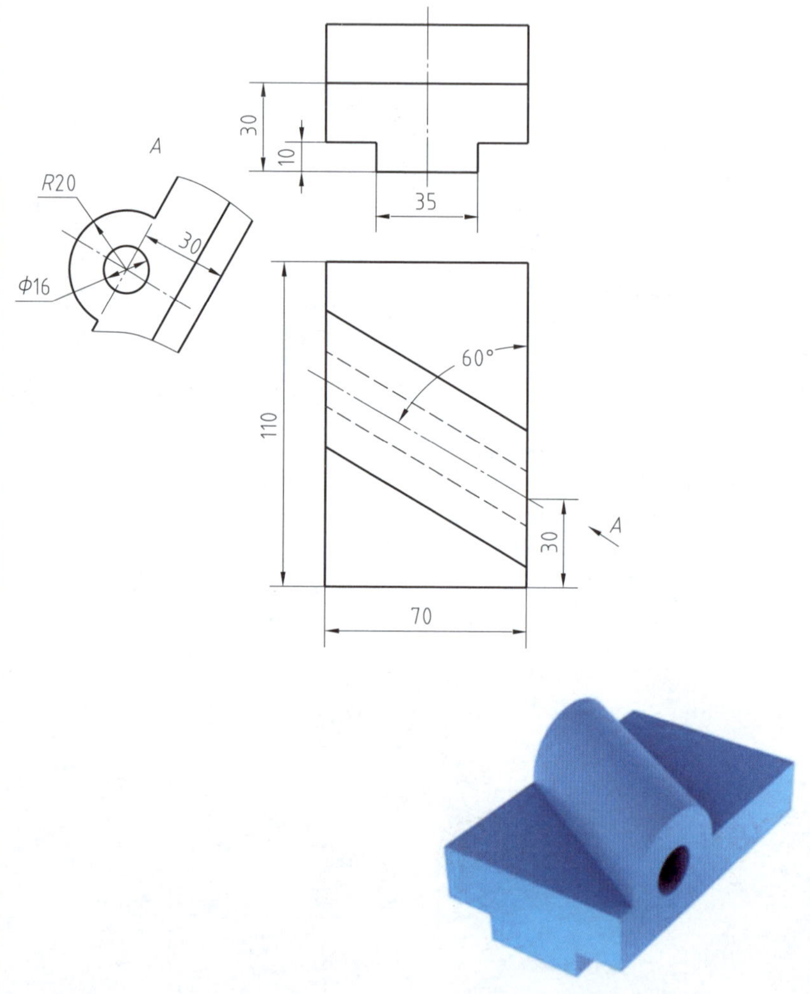

练习 2-1-14

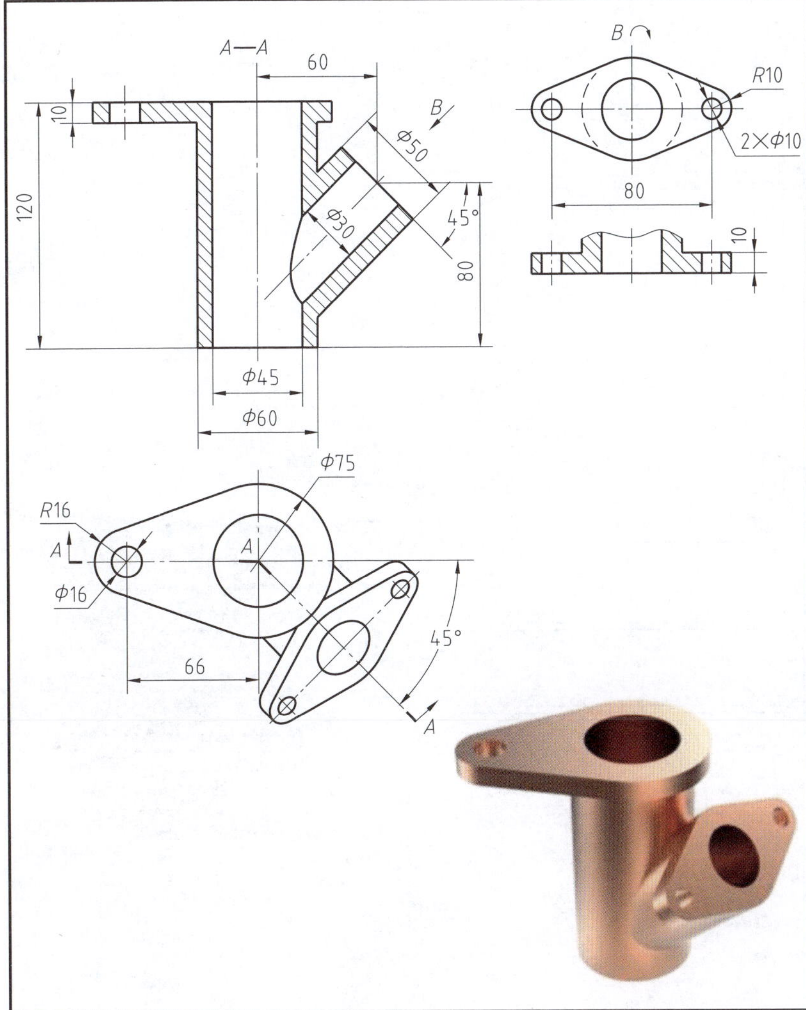

练习 2-1-15

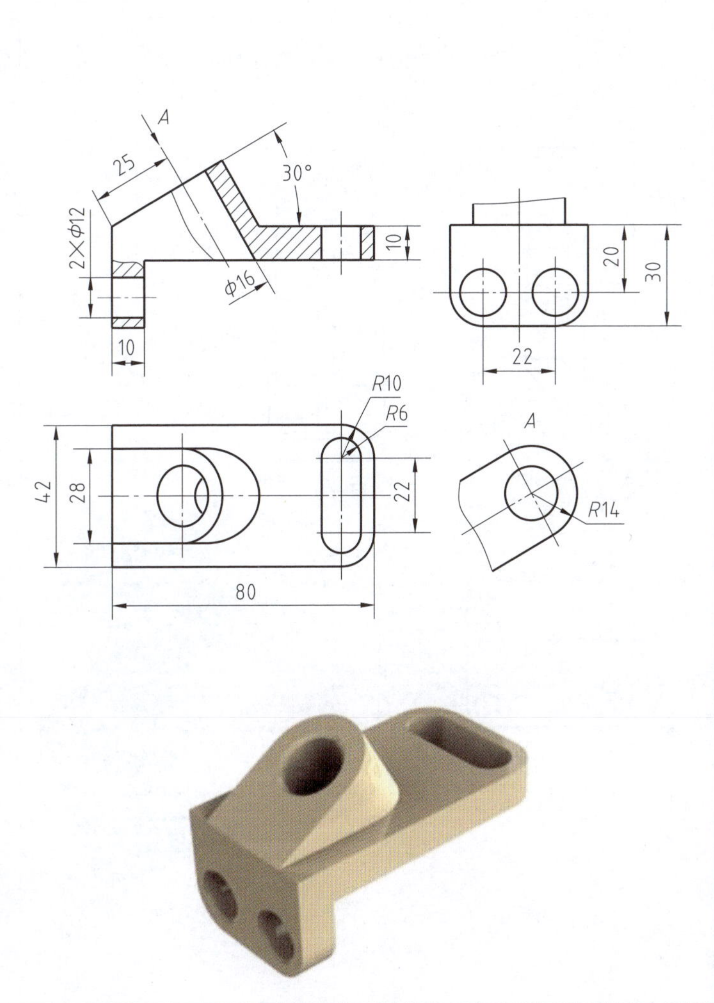

练习 2-1-16

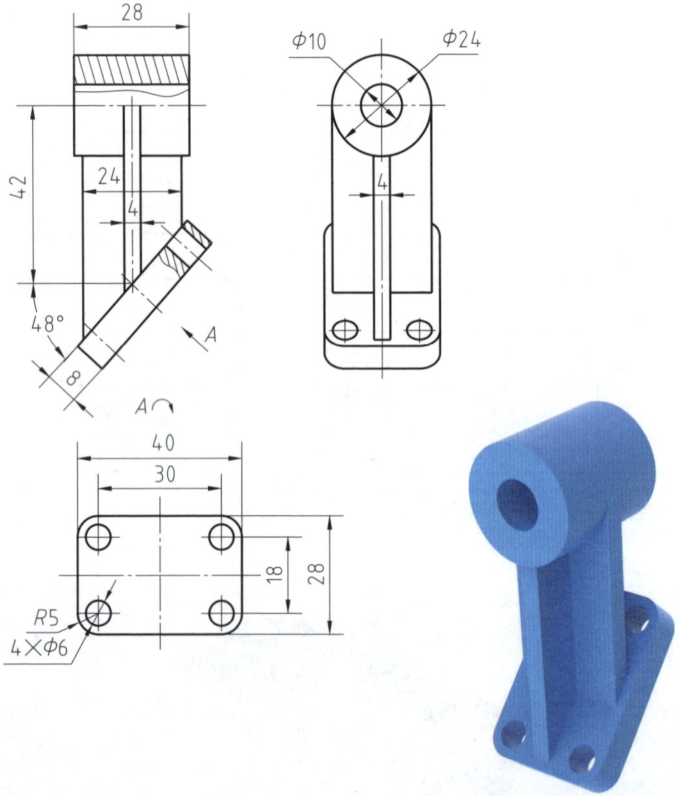

练习 2-1-17

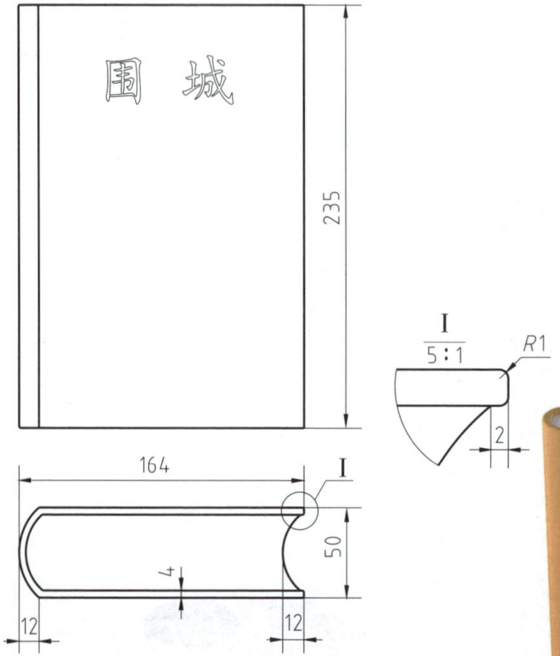

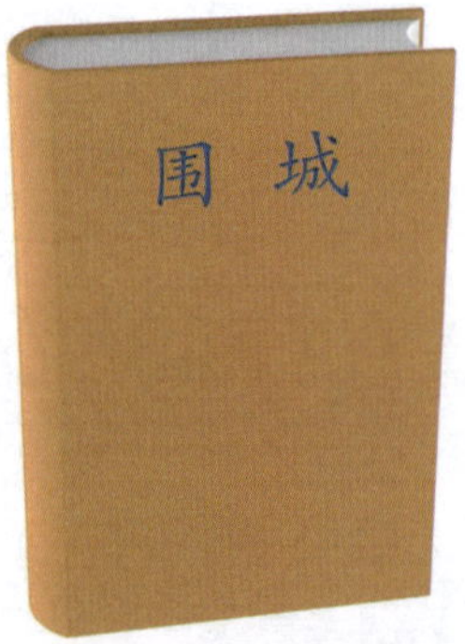

技术要求

文字"围城"使用华文楷体，高度为20，凹深为0.5，位置可自行决定。

练习 2-1-18

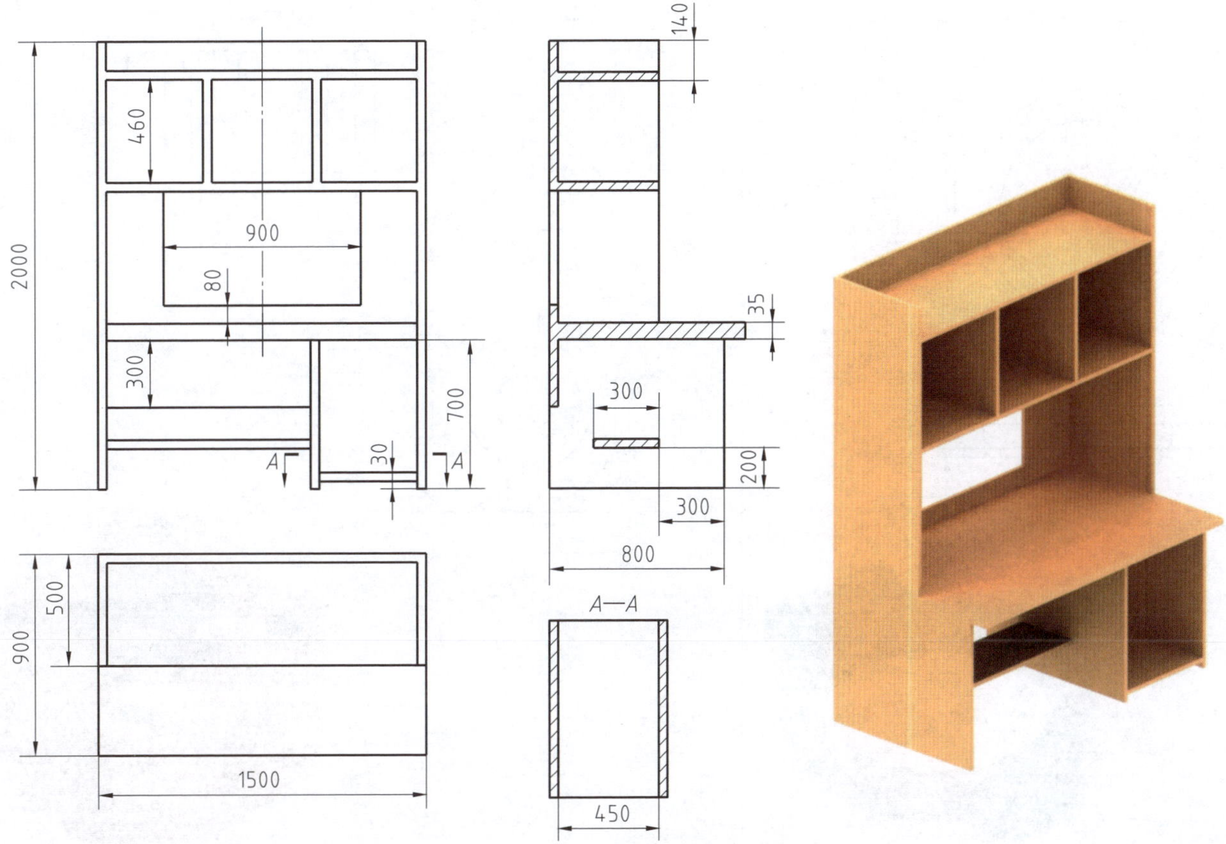

2000
460
900
80
300
30
A
A
700
140
35
300
200
300
800
900
500
1500
A—A
450

技术要求
未注板厚为$t20$。

练习 2-1-19

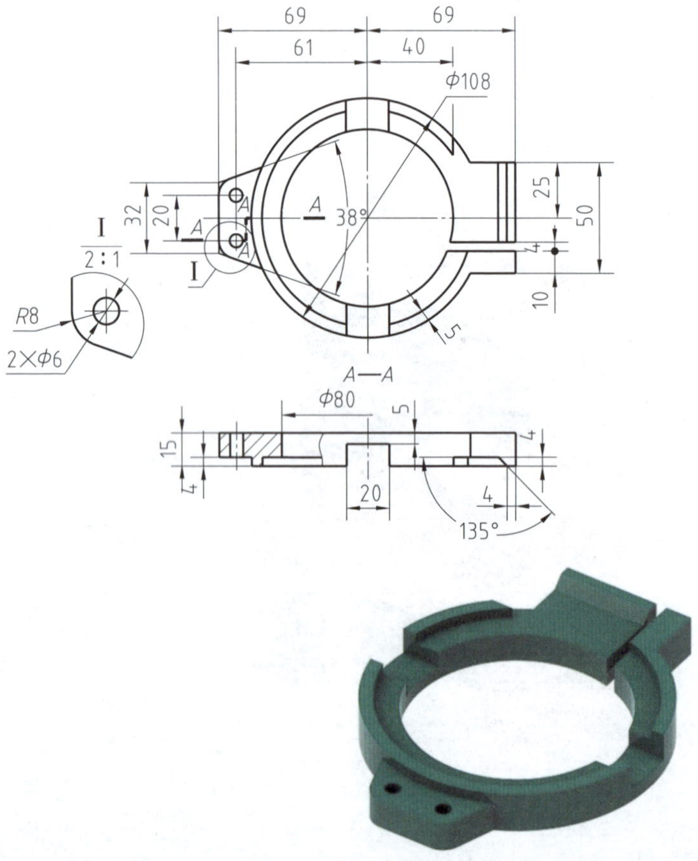

69 69 61 40 Φ108 A 38° 32 20 A I 2:1 I 25 50 4 10 5 R8 2×Φ6

A—A

Φ80 5 15 4 4 20 4 135°

练习 2-1-20

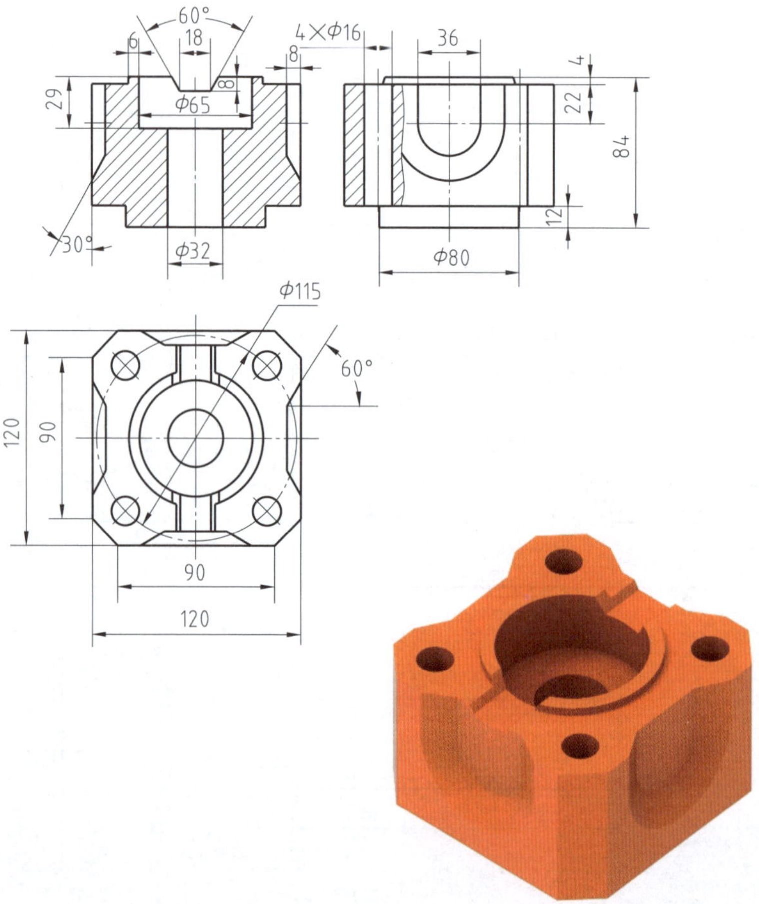

60° 6 18 4×Φ16 36 8 8 29 Φ65 4 22 84 30° Φ32 12 Φ80

Φ115 60° 120 90 90 120

练习 2-1-21

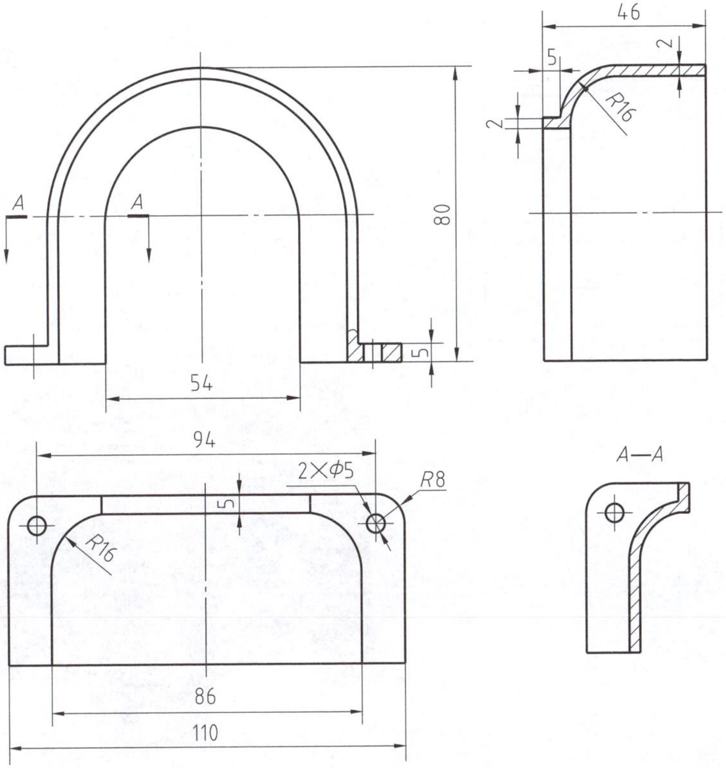

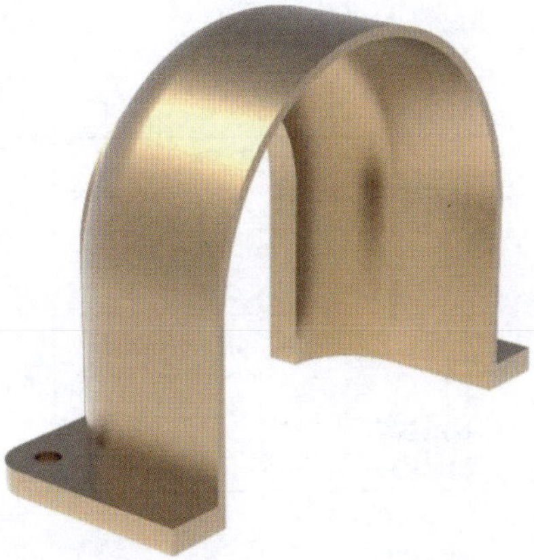

练习 2-1-22

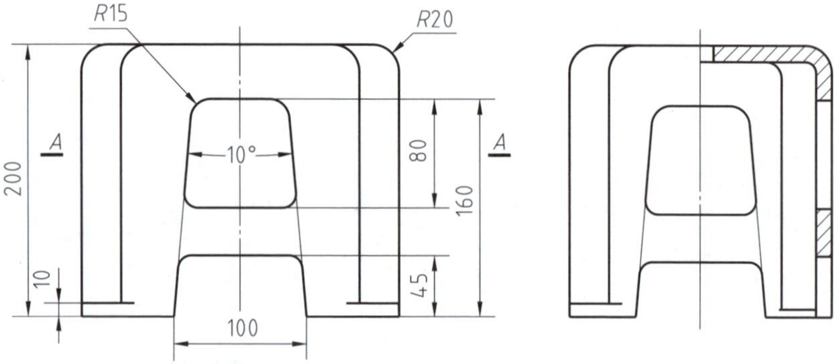

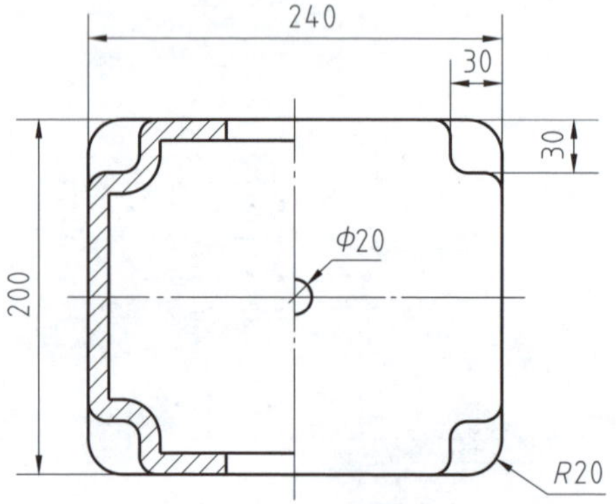

技术要求

1. 未注壁厚为$t3$;
2. 未注圆角为$R5\sim10$。

练习 2-1-23

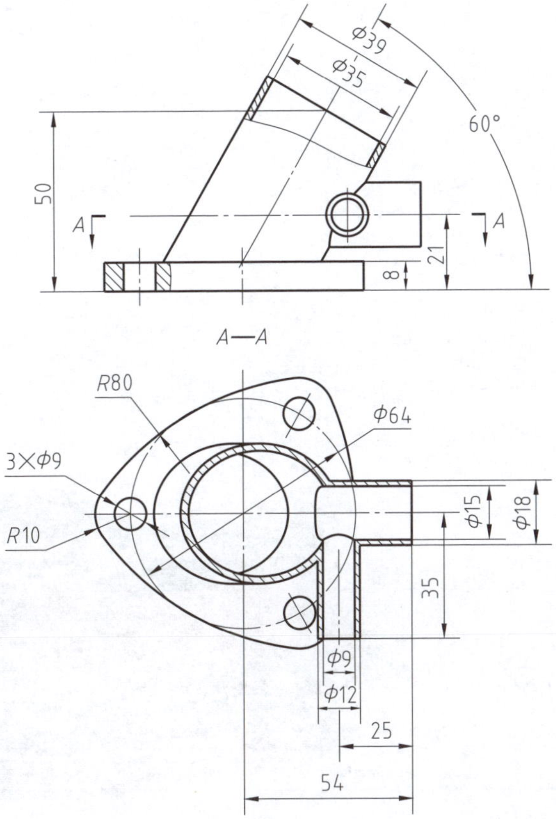

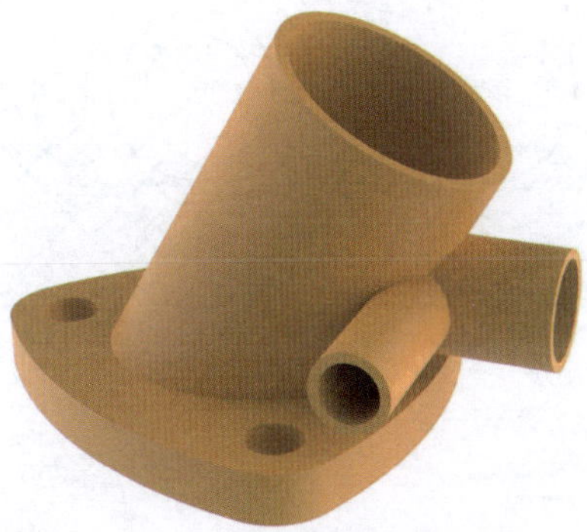

练习 2-1-24

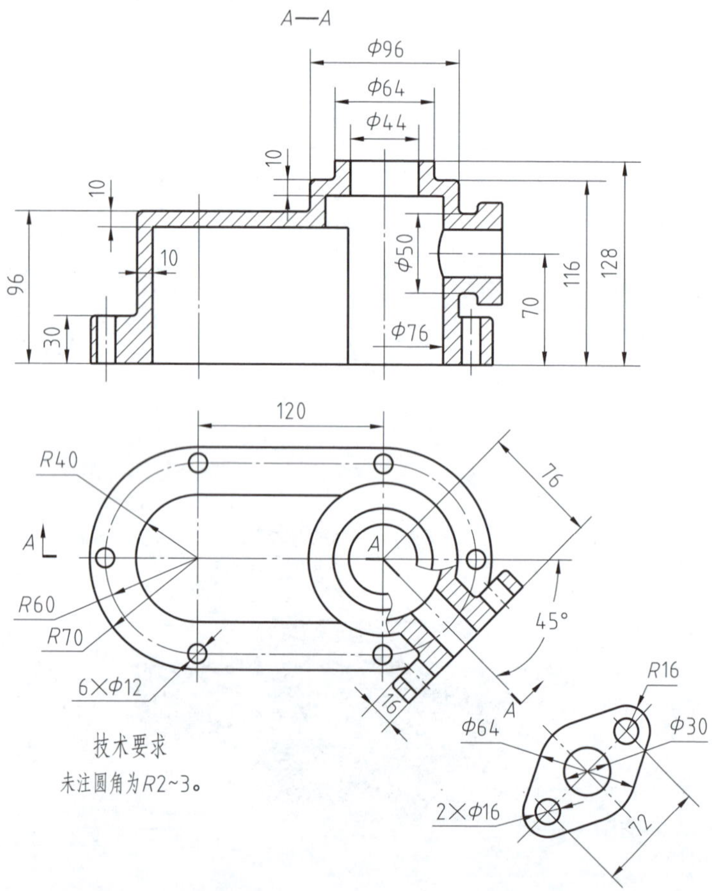

A—A

技术要求

未注圆角为R2~3。

练习 2-1-25

二、旋转特征建模

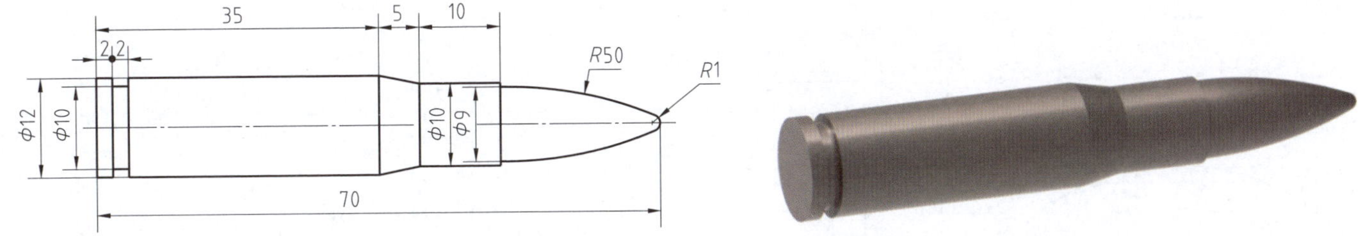

练习 2-2-1

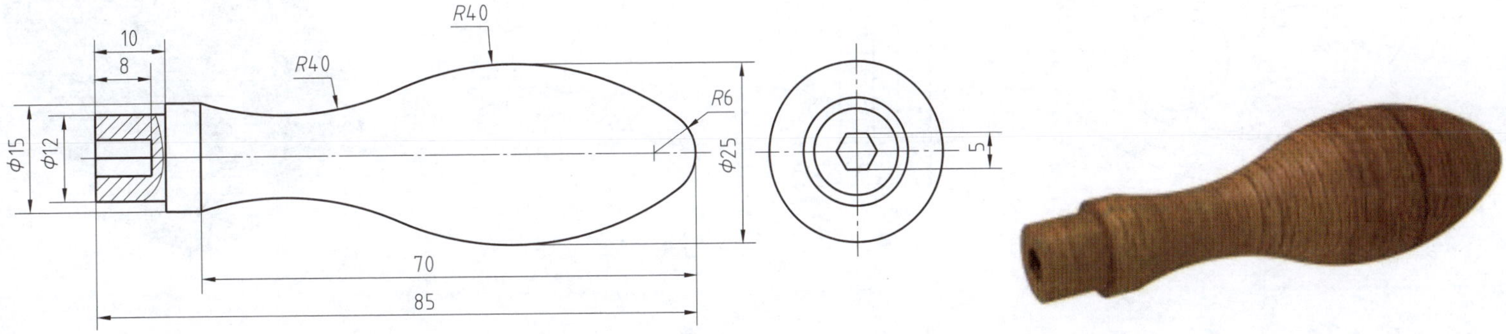

练习 2-2-2

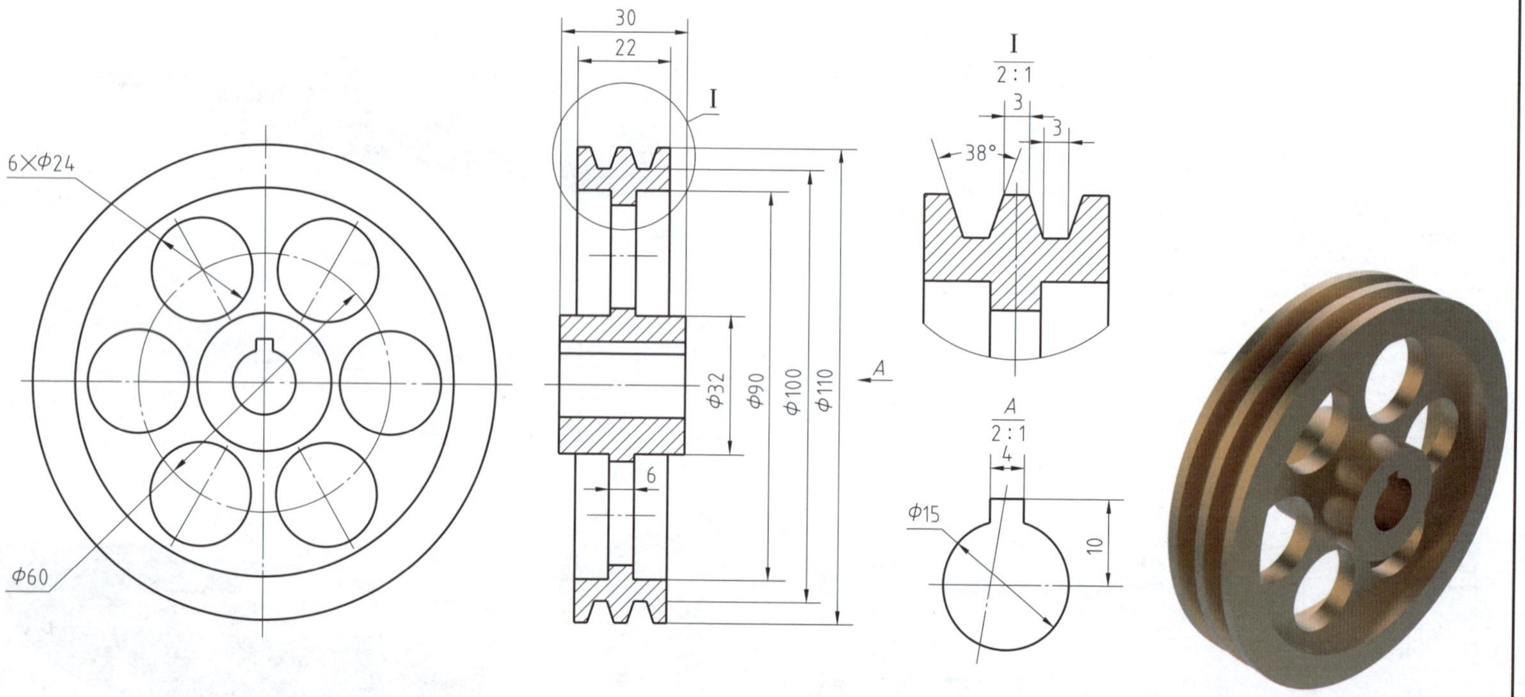

6×Φ24

Φ60

30

22

I

6

Φ32

Φ90

Φ100

Φ110

A

I
2:1

3

3

38°

A
2:1

4

Φ15

10

练习 2-2-3

10
80
210
Φ10
Φ8
Φ8
70
120
70
I
R10
100
150
I
2∶1
15
R2
Φ15
10°

练习 2-2-4

Φ15
56
24
12
16
A
17
86°
A
Φ8
2
Φ83
3
技术要求
未注壁厚为t2。

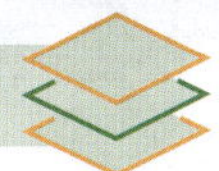

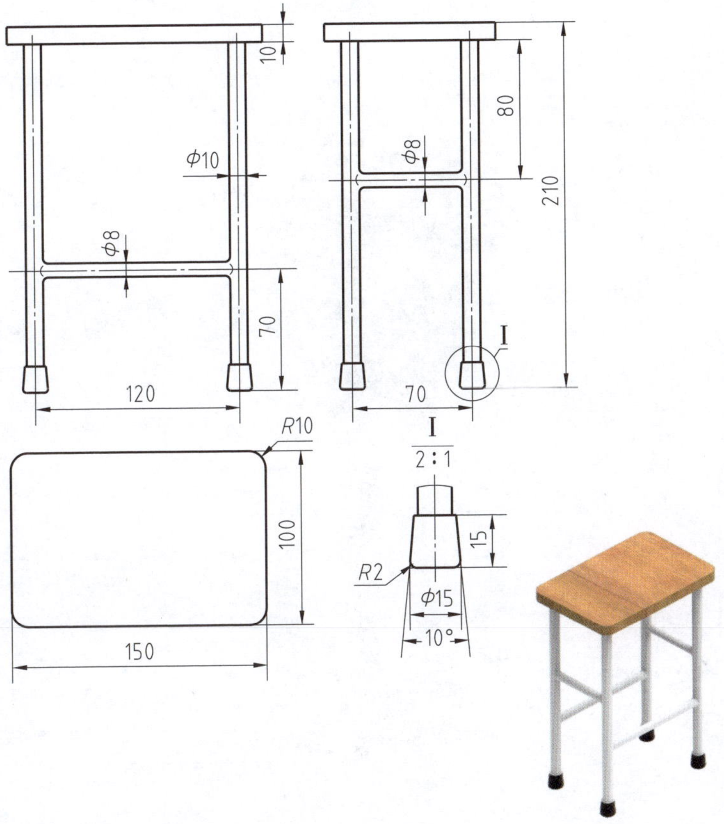

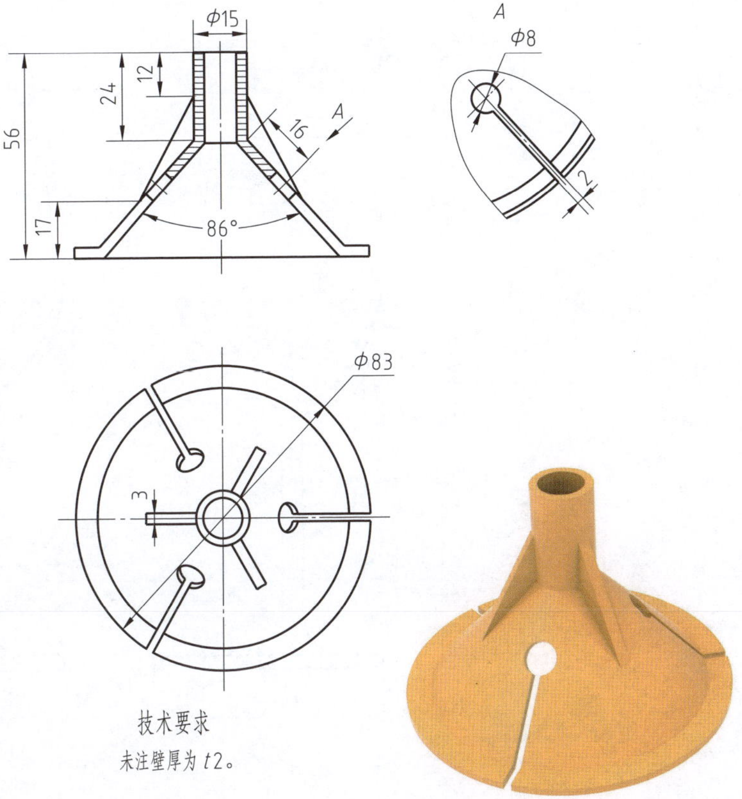

练习 2-2-5

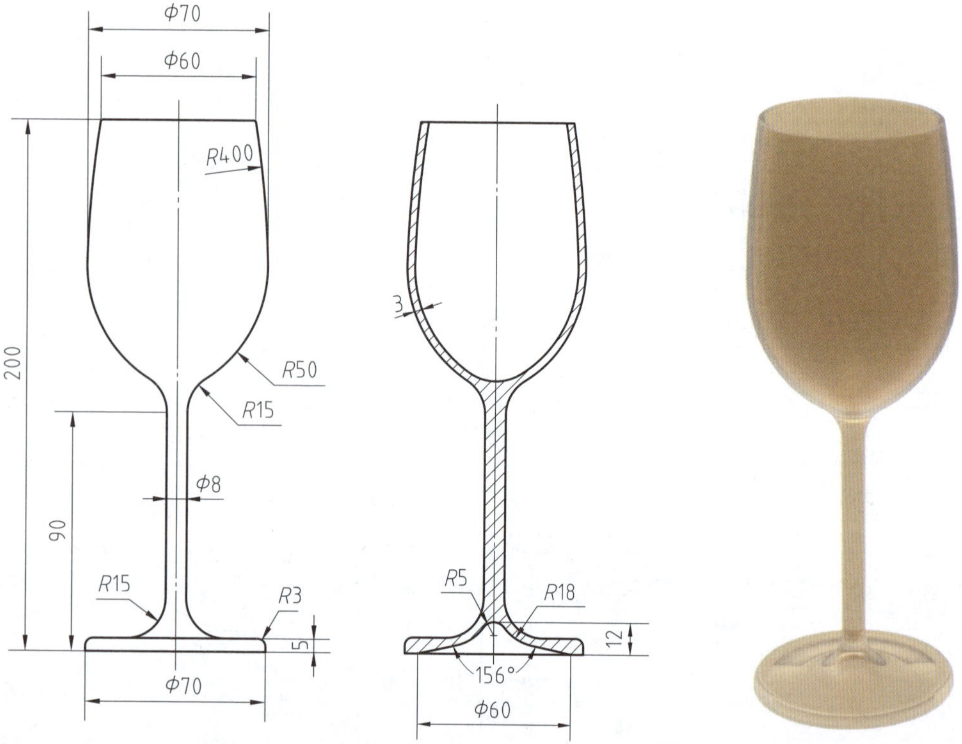

Φ70
Φ60
R400
200
R50
R15
90
Φ8
R15
R3
5
Φ70
3
R5
R18
12
156°
Φ60

练习 2-2-6

A—A
Φ49
3
8
3
15
27
83
32°
3
Φ25
12
3
Φ40
R33
4×Φ9
Φ119
Φ143
45°
A
A
Φ77
A

练习 2-2-7

I
2∶1
12
4
2×Φ8
I
Φ32
35
Φ38
A
80
75
R35
10
A
A—A
24
R8
40
Φ25
Φ35
Φ60
10
20
60

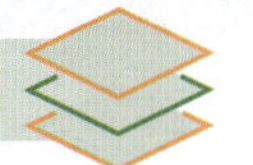

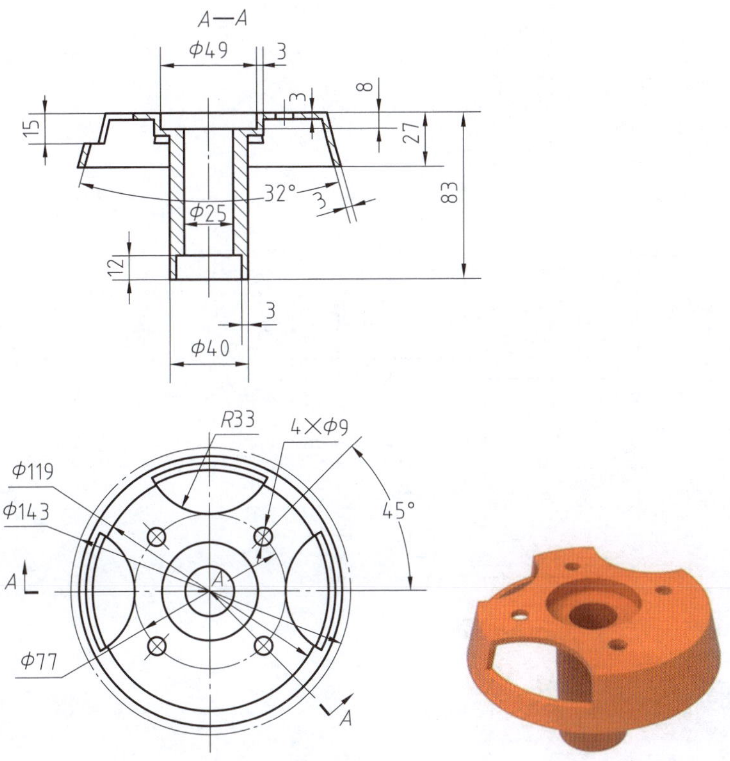

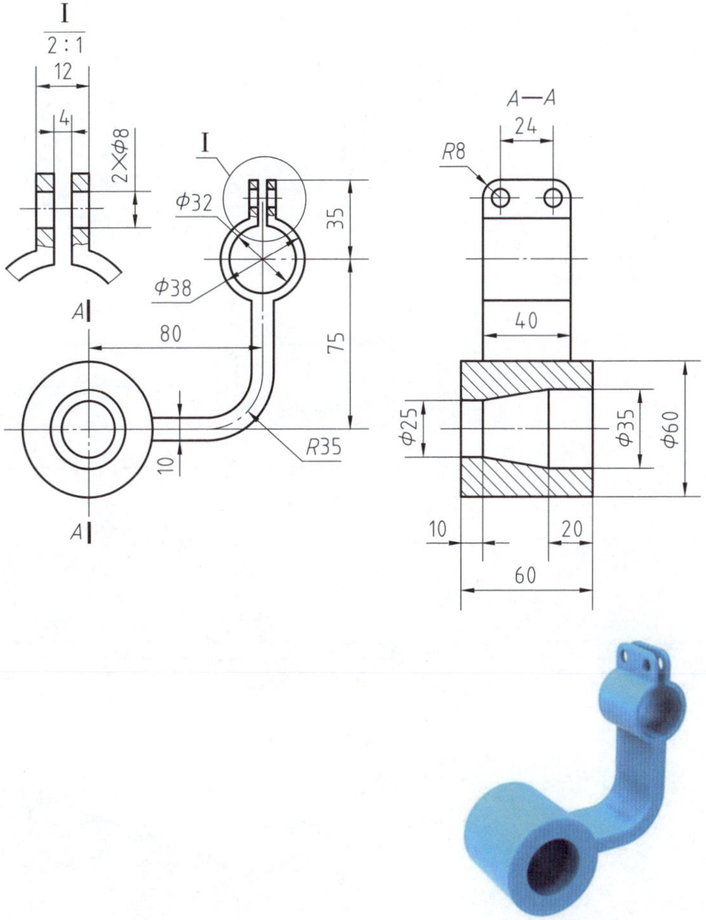

练习 2-2-8

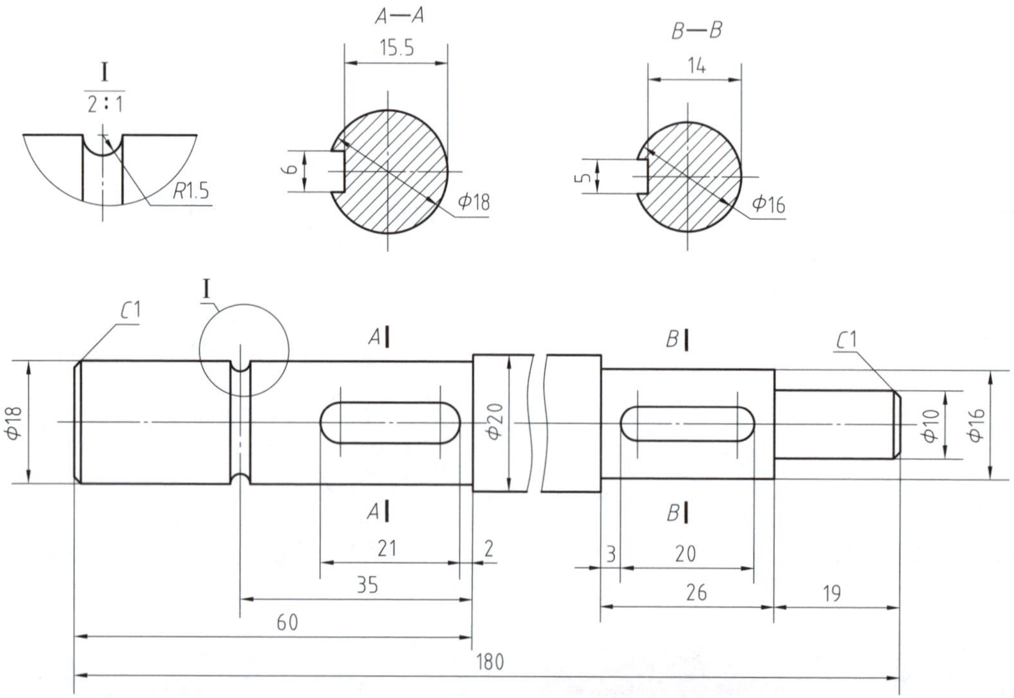

I
2∶1
R1.5

A—A
15.5
6
φ18

B—B
14
5
φ16

C1
I
A
A
B
B
C1
φ18
φ20
φ10
φ16
21
2
3
20
35
26
19
60
180

练习 2-2-9

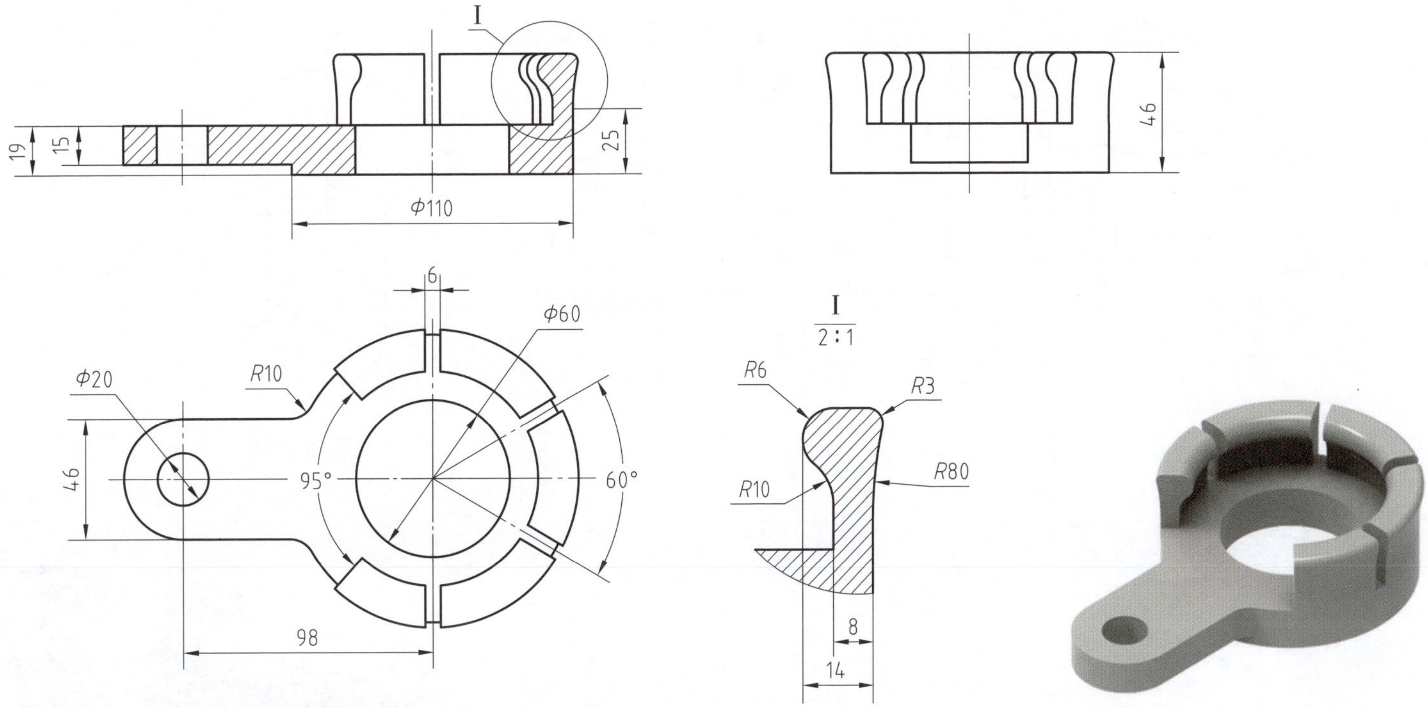

练习 2-2-10

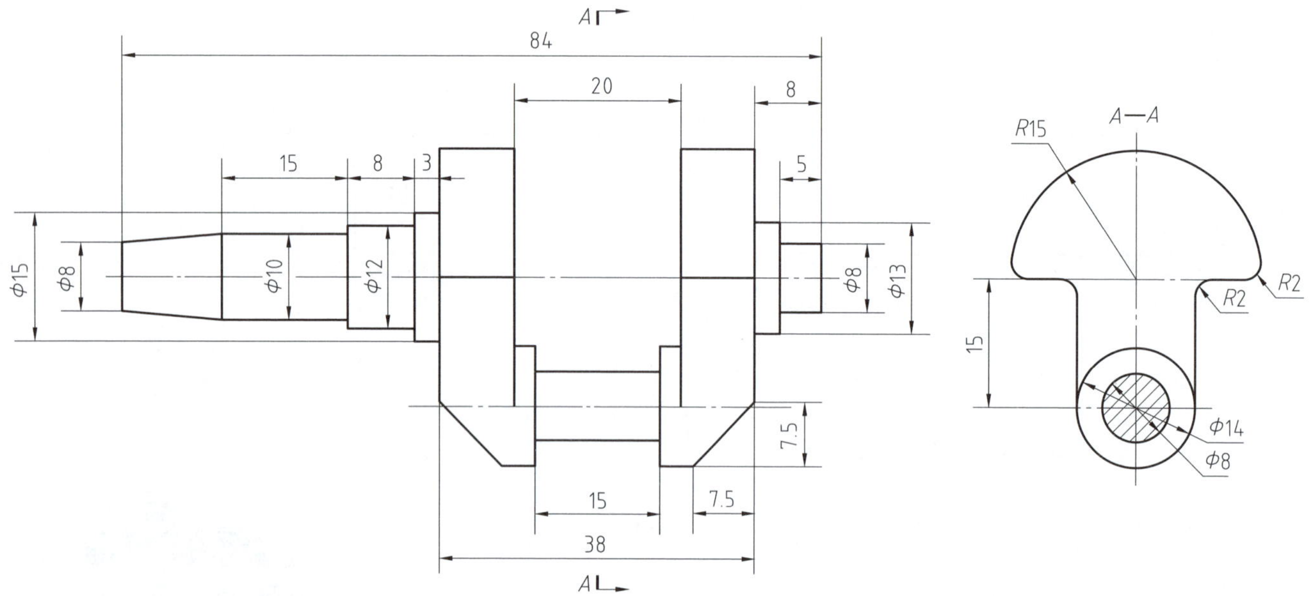

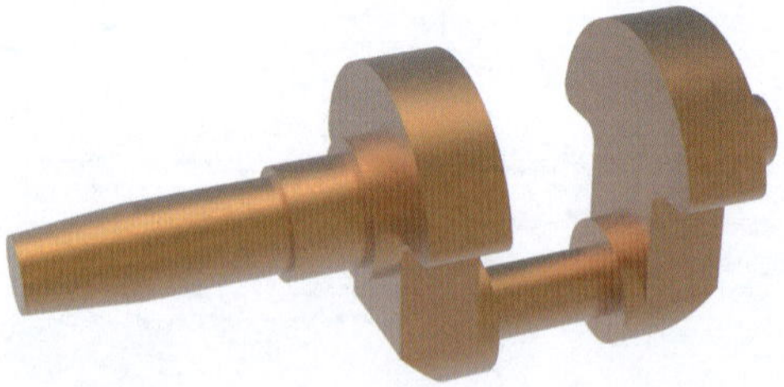

练习 2-2-11

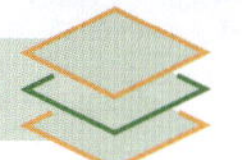

三、扫描特征建模

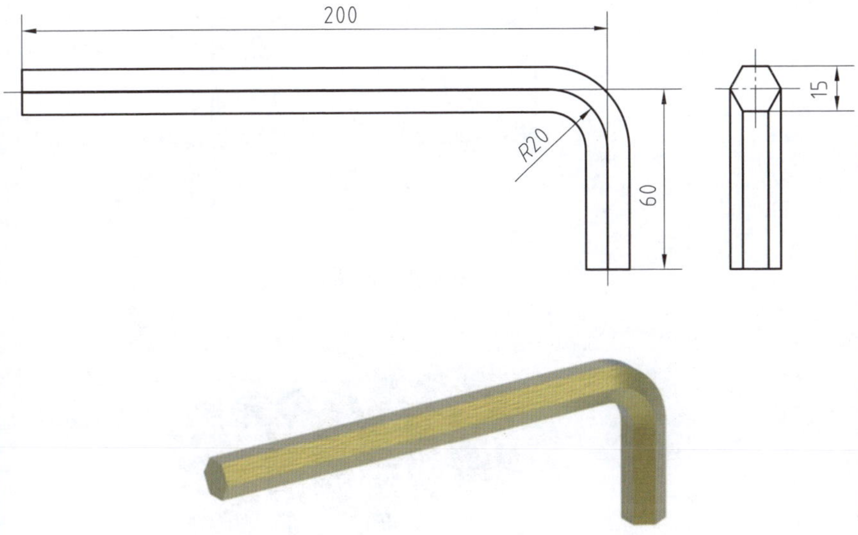

练习 2-3-1

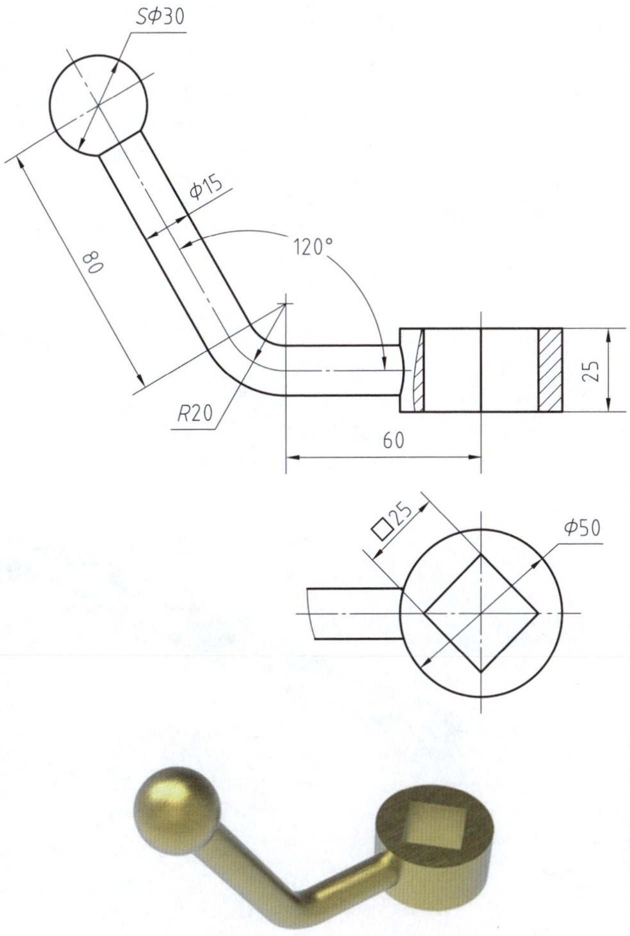

练习 2-3-2

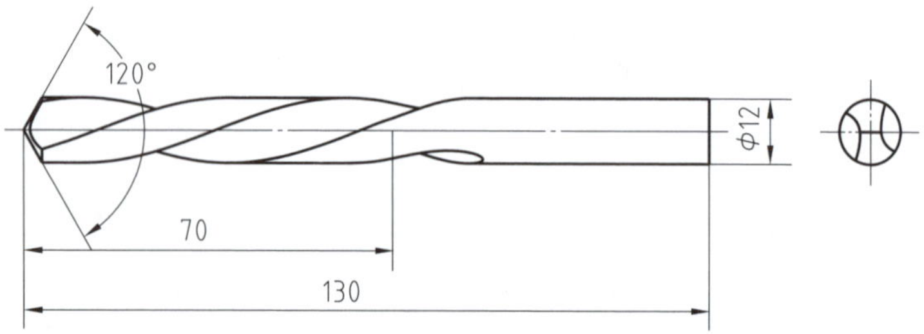

120°
$\phi12$
70
130

技术要求

扫描轨迹为螺旋线，其直径为17，螺距为100；扫描轮廓为Φ13的圆。

练习 2-3-3

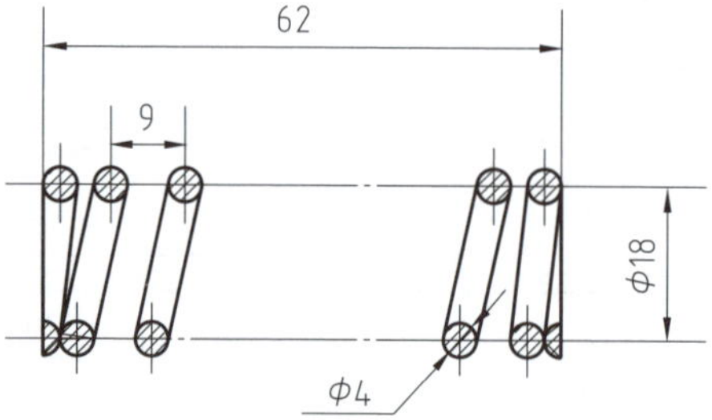

62
9
$\phi18$
$\phi4$

技术要求

旋向为左旋，有效圈数为6，总圈数为8.5。

练习 2-3-4

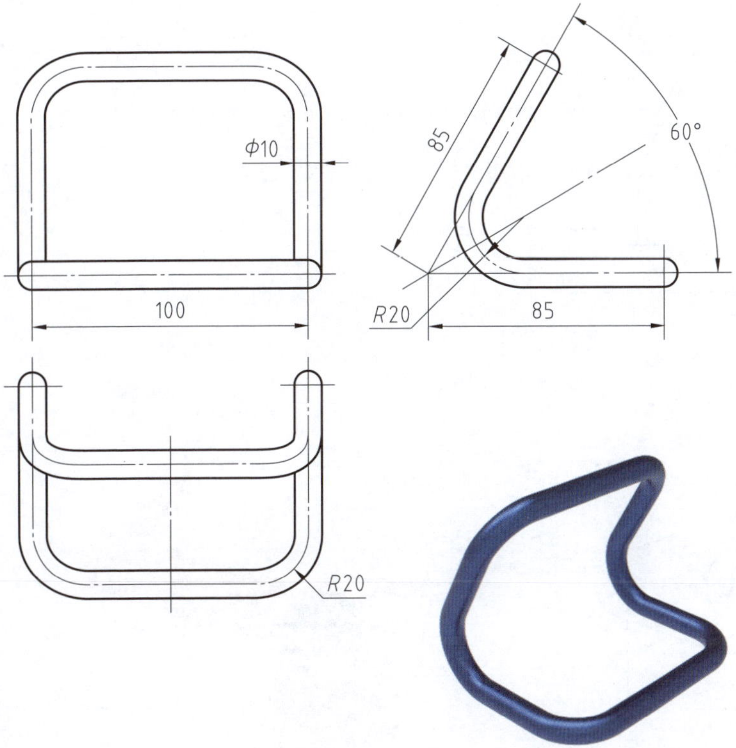

练习 2-3-5

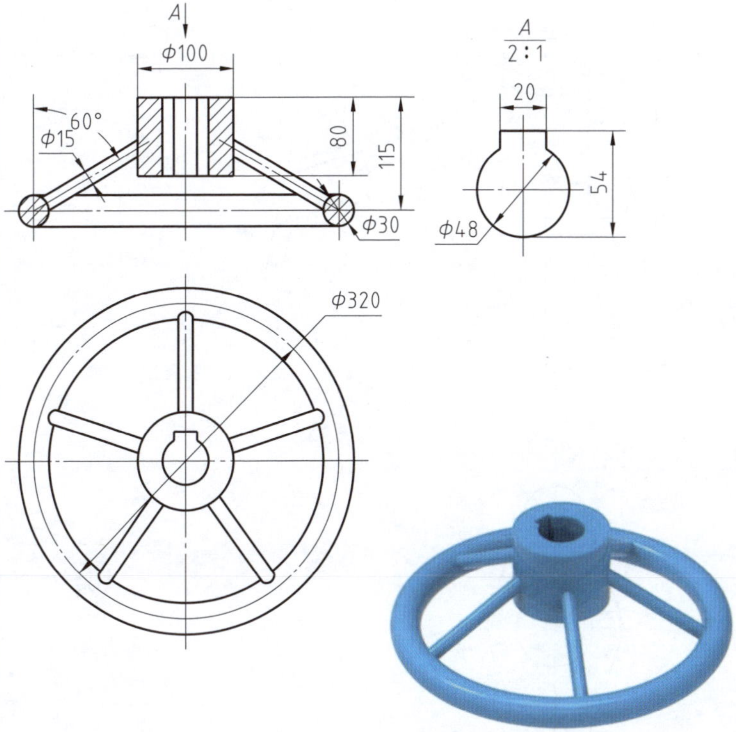

练习 2-3-6

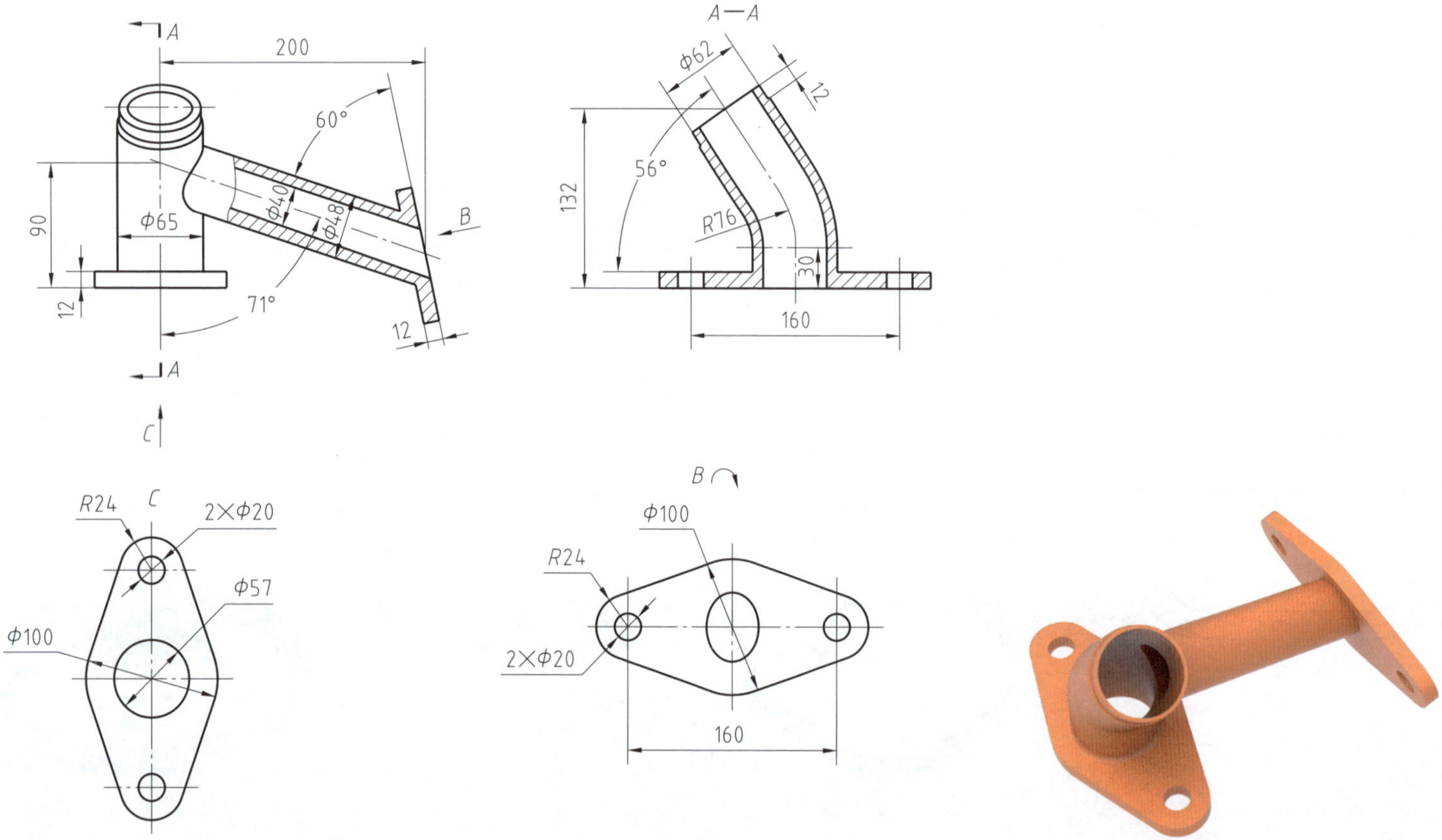

练习 2-3-7

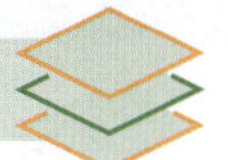

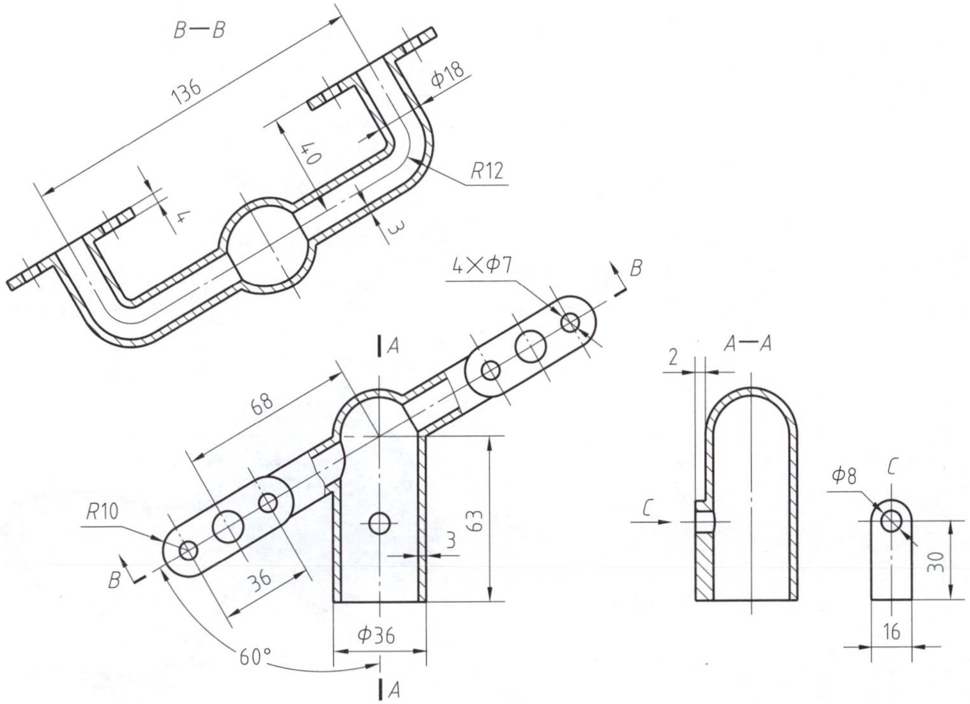

练习 2-3-8

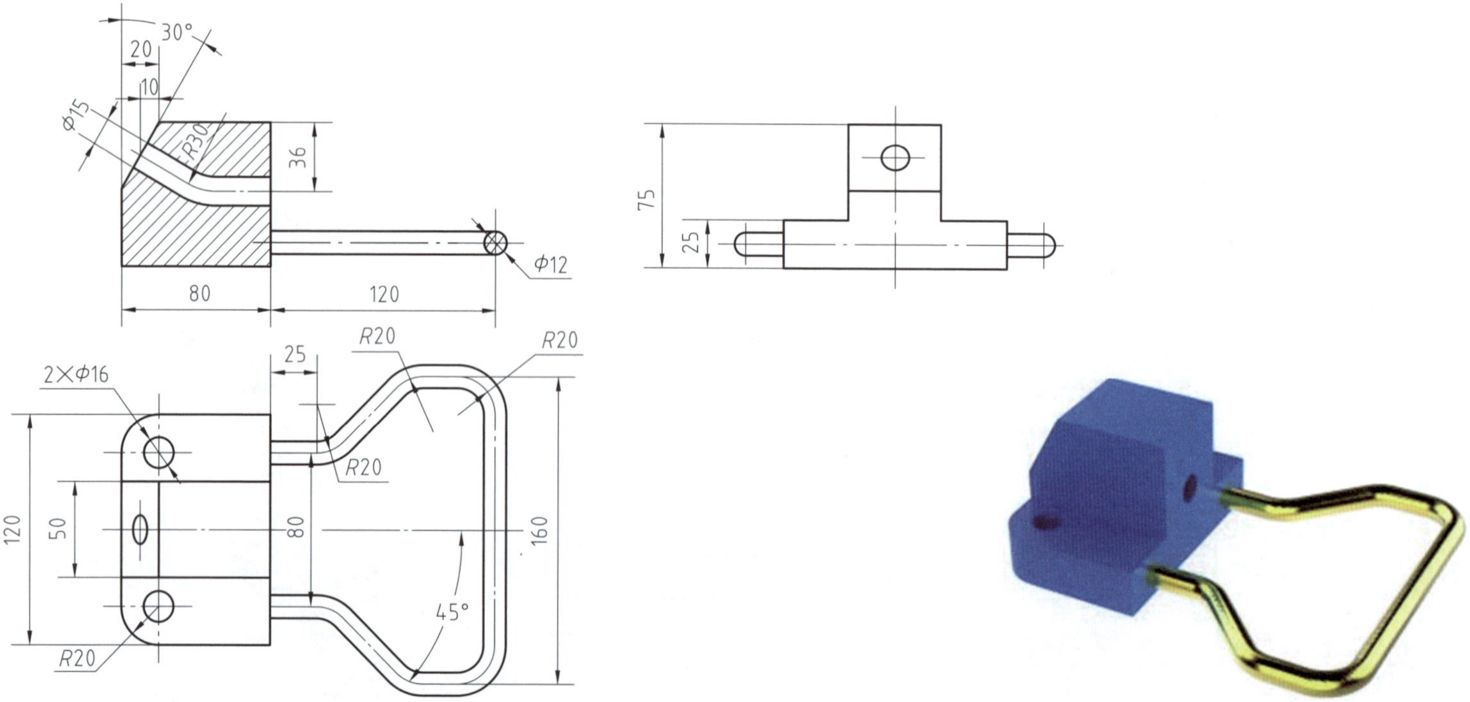

练习 2-3-9

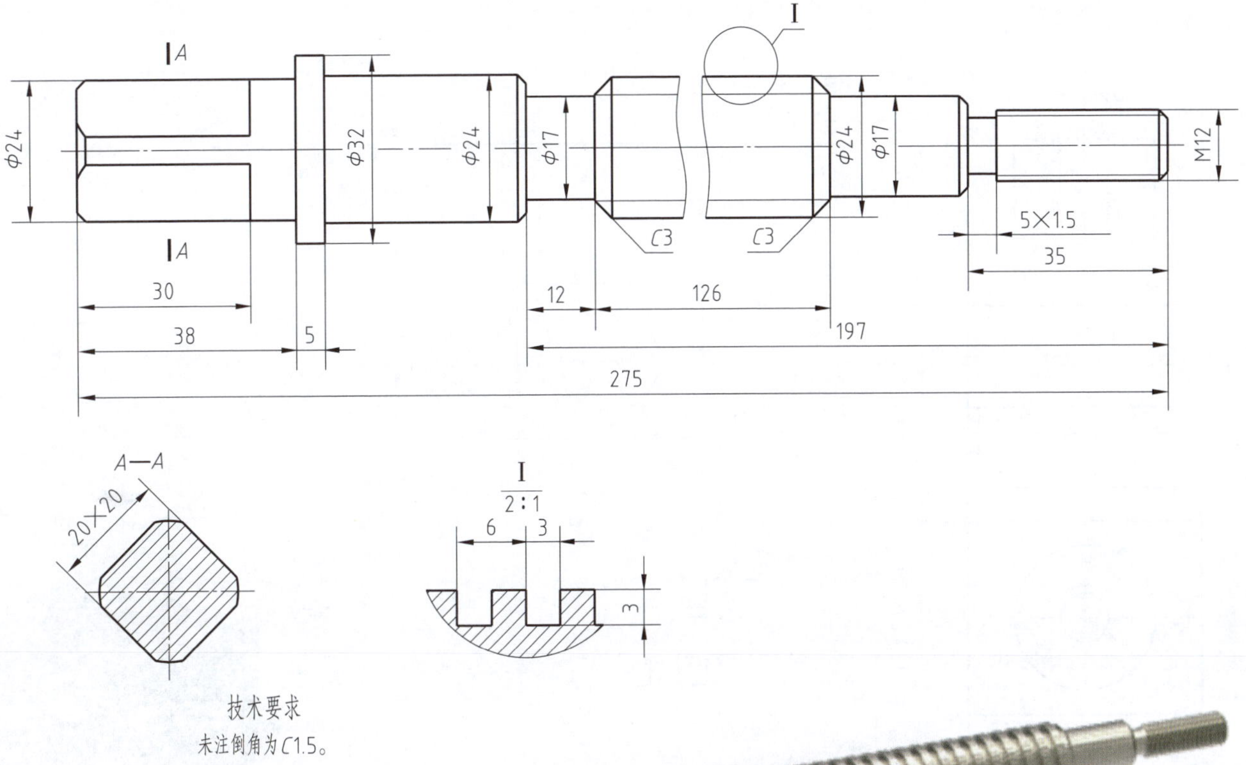
I
A
A
φ24
φ32
φ24
φ17
φ24
φ17
M12
C3
C3
5×1.5
35
30
12
126
197
38
5
275
A—A
20×20
I
2∶1
6
3
3
技术要求
未注倒角为C1.5。

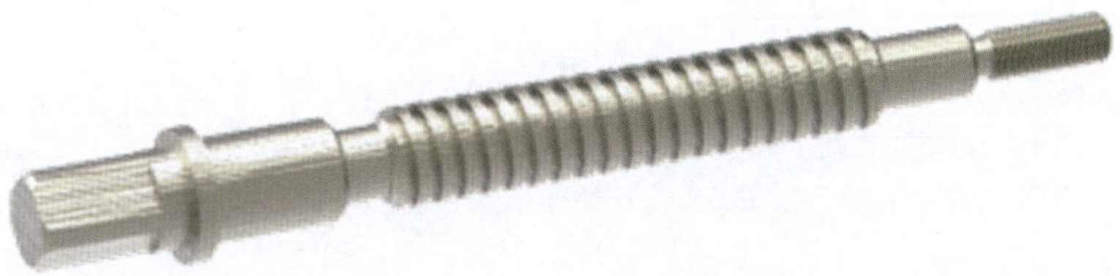

练习 2-3-10

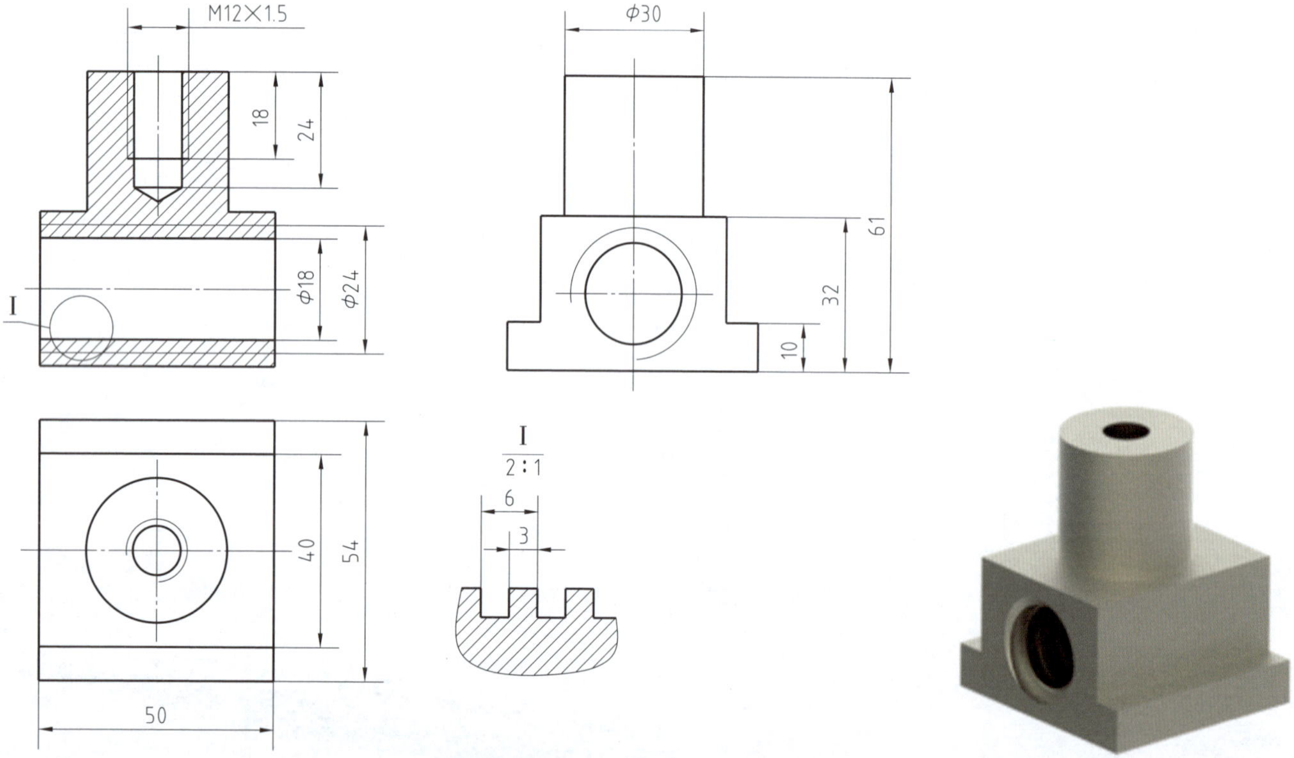

练习 2-3-11

四、放样（混合）特征建模

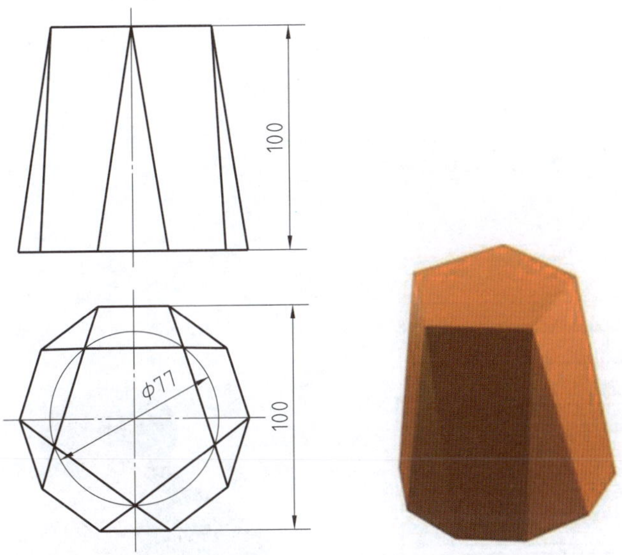

练习 2-4-1

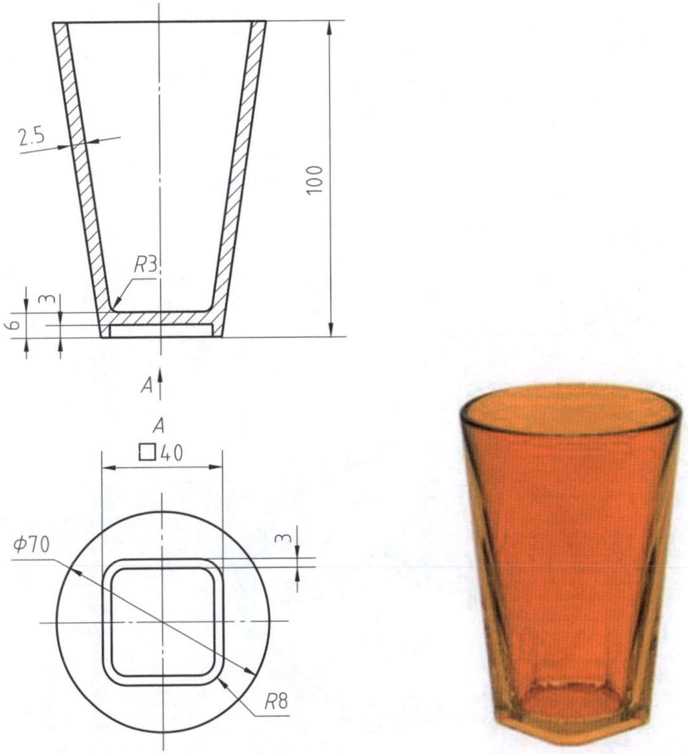

练习 2-4-2

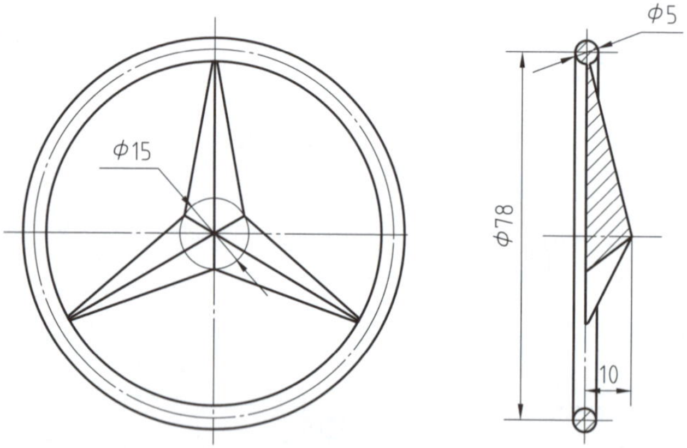

练习 2-4-3

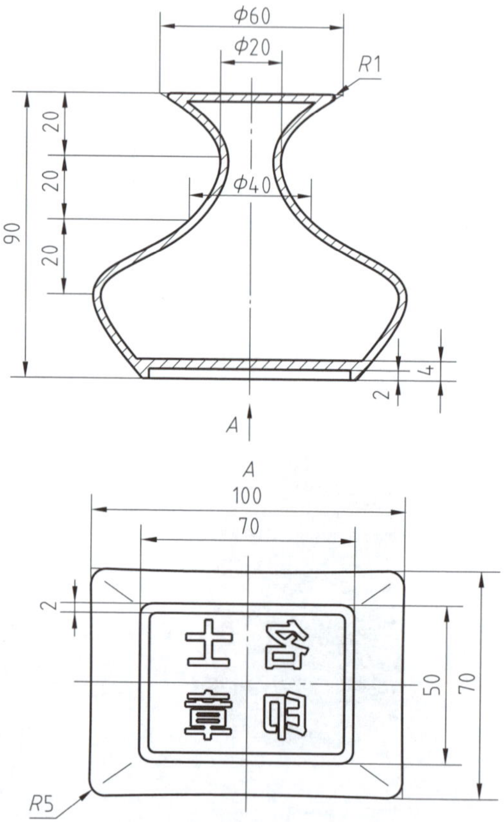

技术要求

未注壁厚为$t2$。

练习 2-4-4

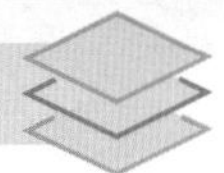

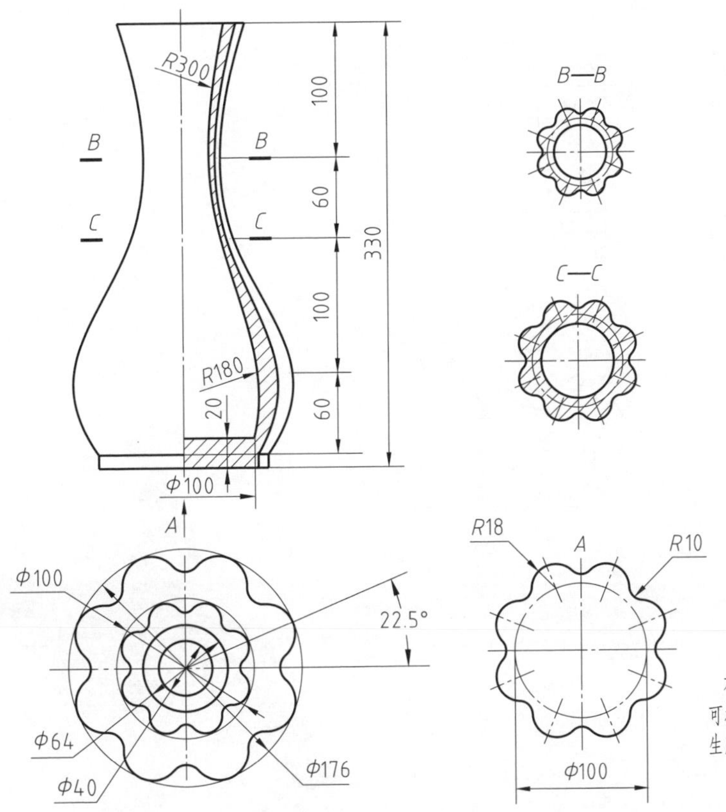

技术要求

花瓶B—B和C—C断面的尺寸可根据瓶底尺寸进行适当比例缩放生成，缩放系数可自行设定。

练习 2-4-5

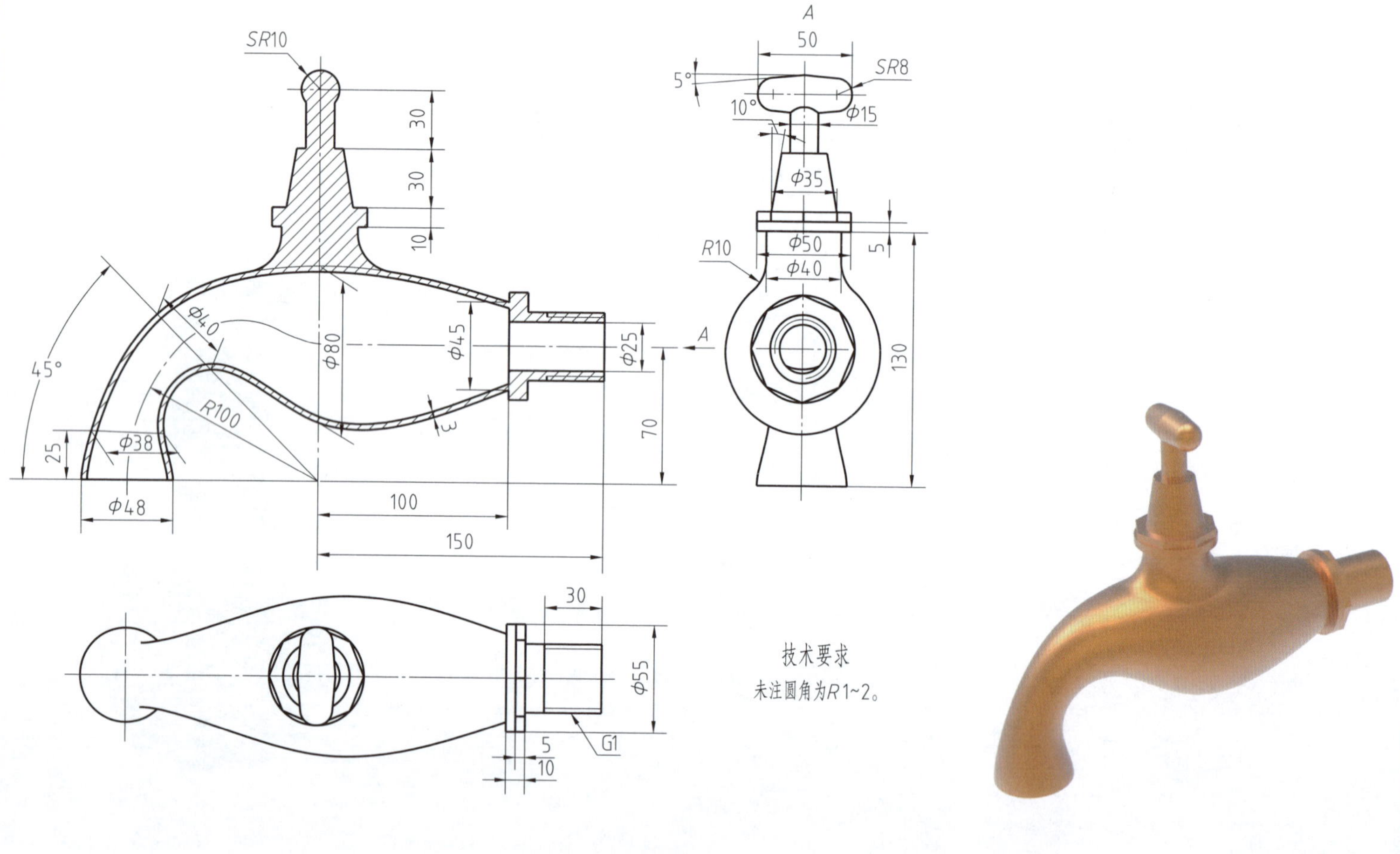

技术要求

未注圆角为R1~2。

练习 2-4-6

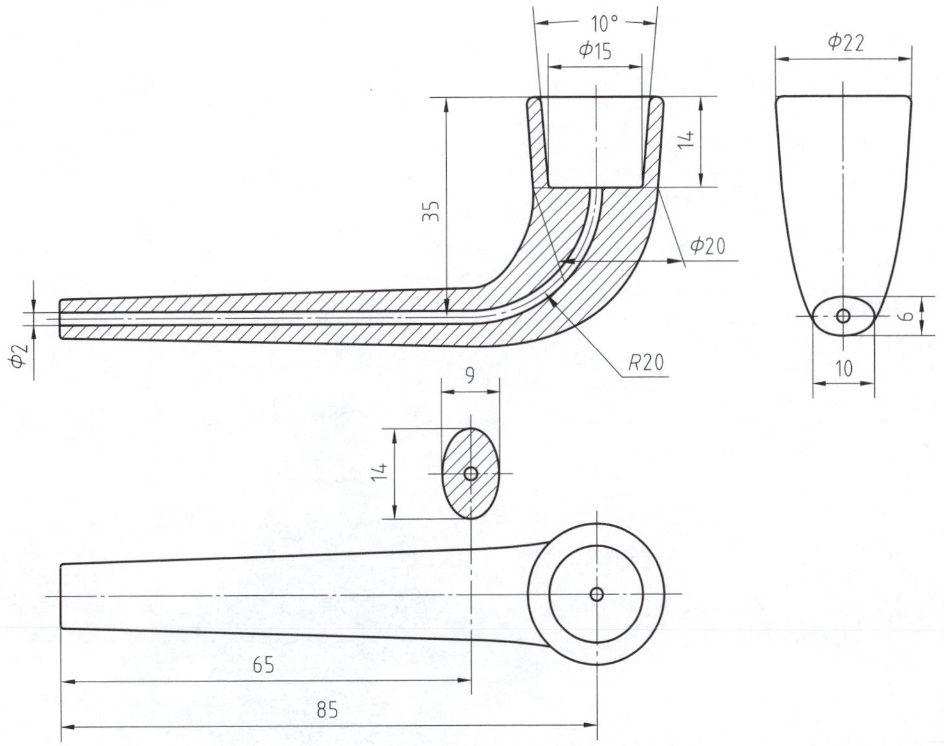

10°
Φ15
Φ22
14
35
Φ20
6
Φ2
R20
10
9
14
65
85

技术要求

未注圆角为R2~3。

练习 2-4-7

五、综合实体建模

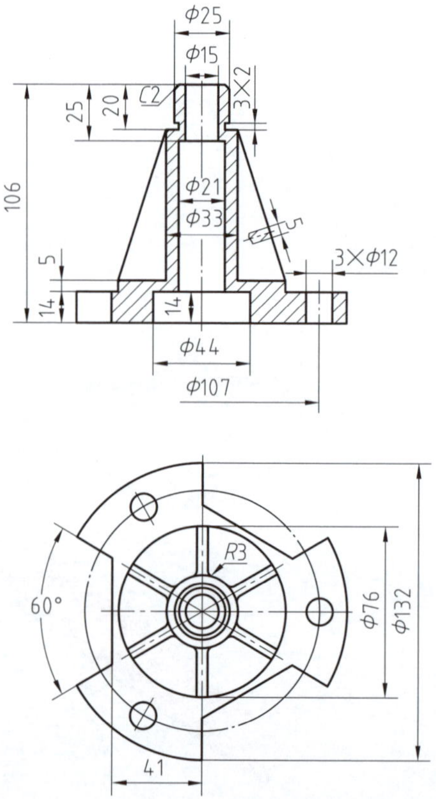

技术要求

未注圆角为$R3$。

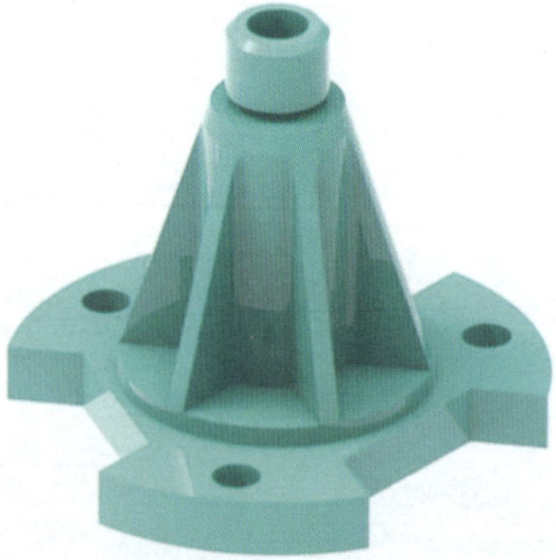

练习 2-5-1

30
10
90°
45
5
A
Φ60
Φ60
R12
R15
45°
96
A
105°
278
A—A
Φ18
R18
5
96
10
Φ8
10
26
40
Φ70
Φ15
60

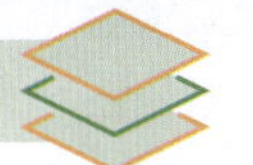

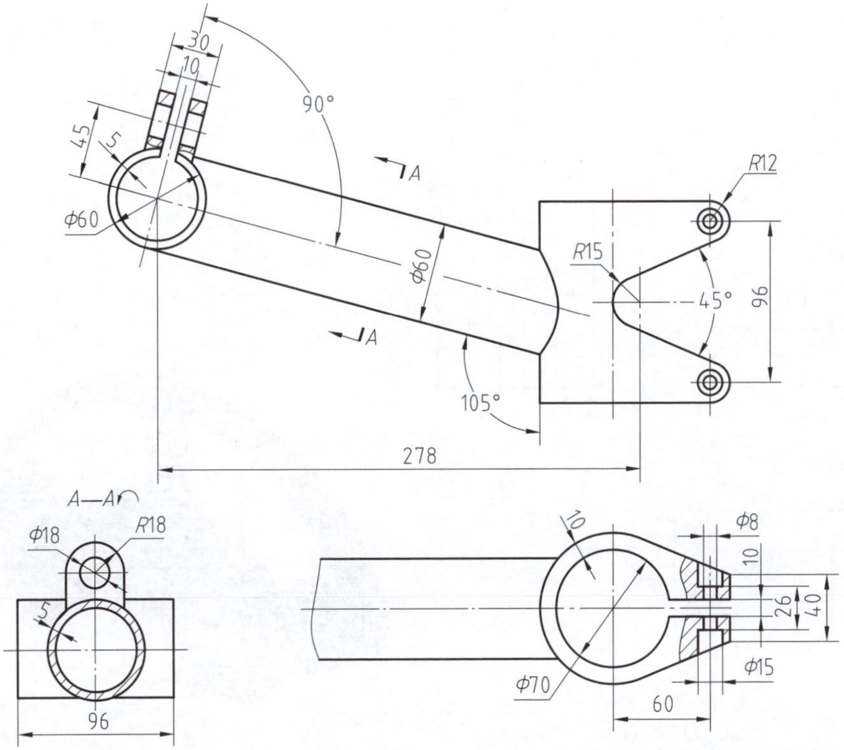

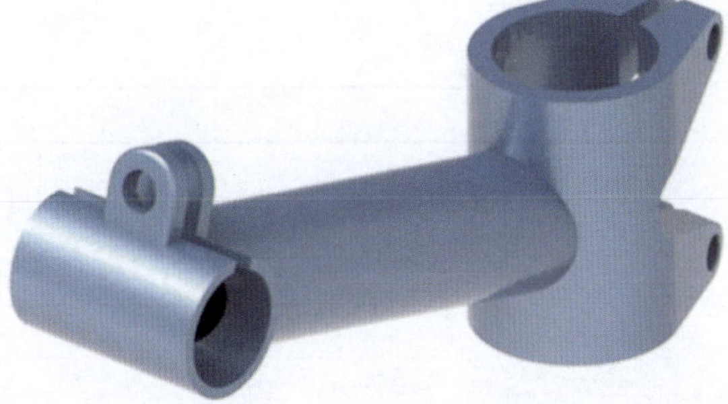

练习 2-5-2

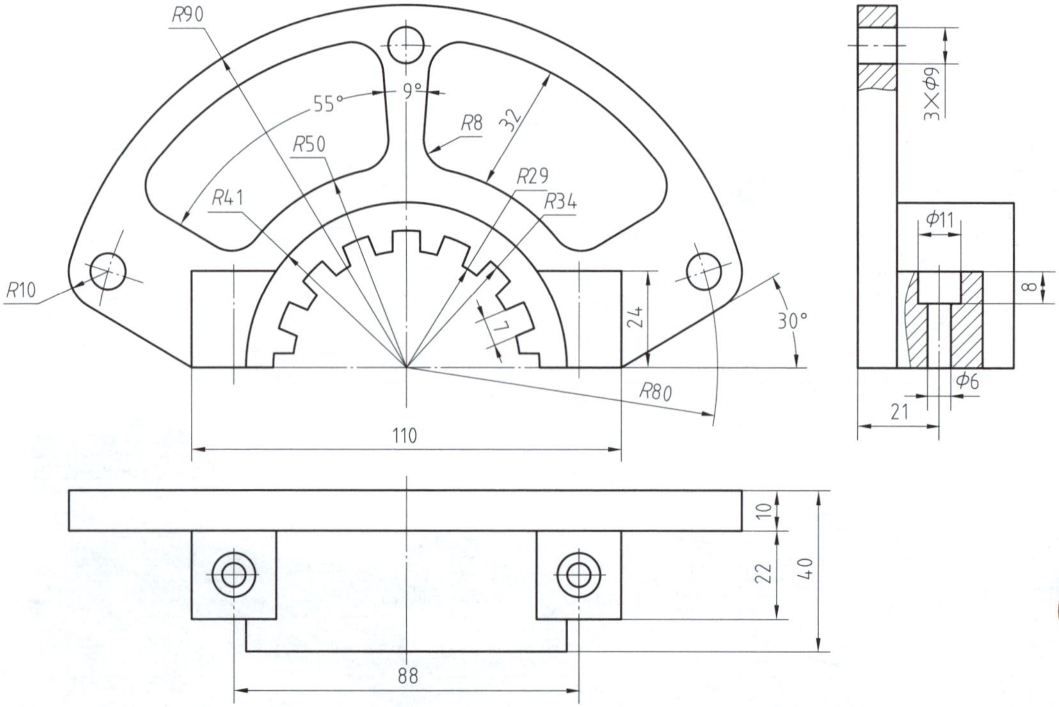

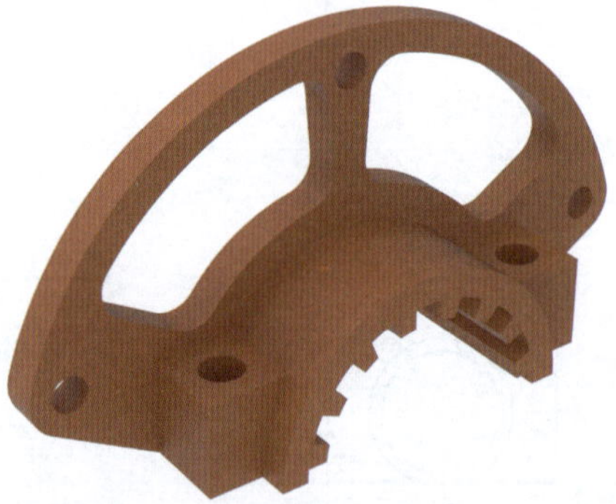

练习 2-5-3

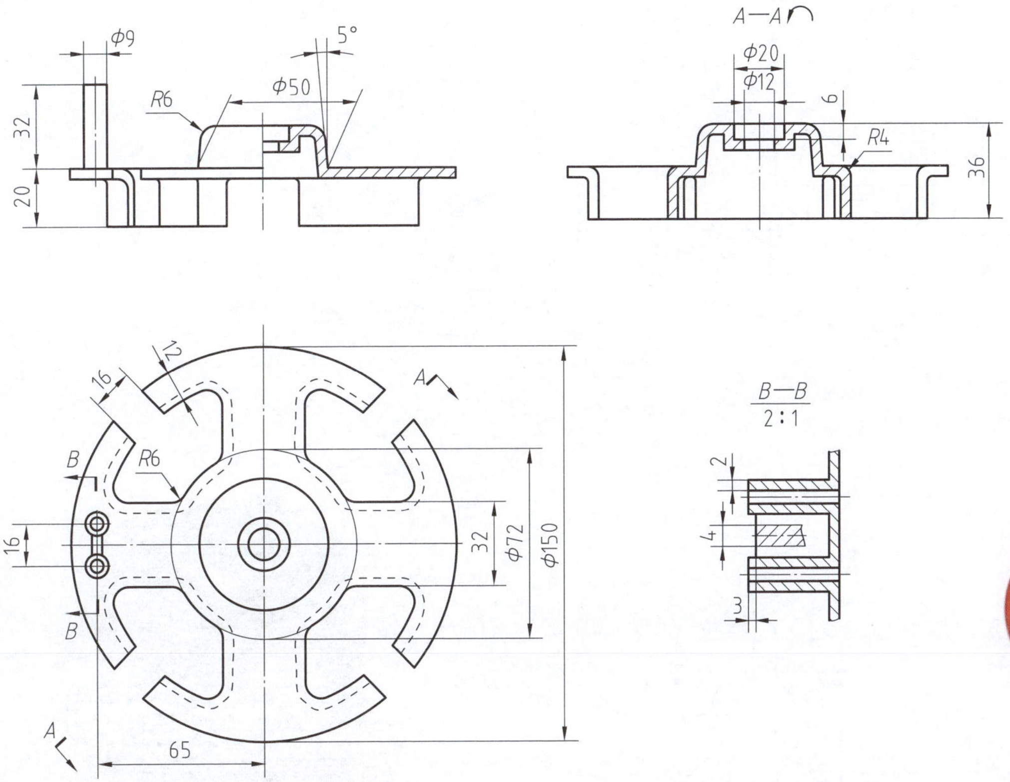

A—A

B—B
2∶1

技术要求

1. 未注圆角为$R2\sim4$；
2. 未注壁厚为$t2$。

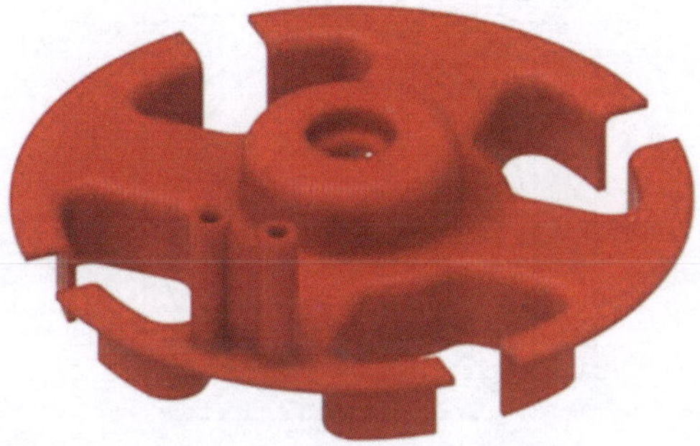

练习 2-5-4

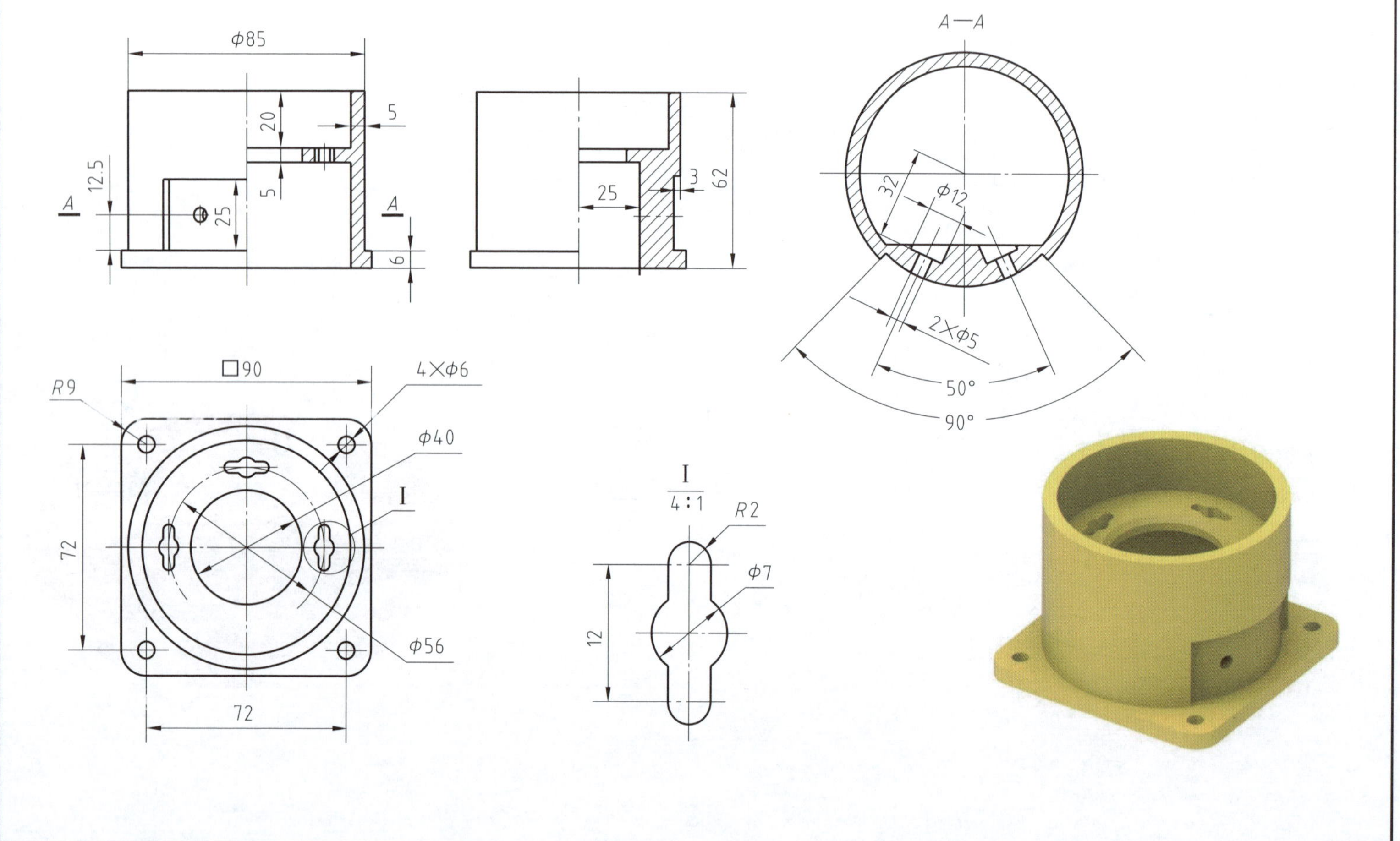

ϕ85
20
5
12.5
5
A
25
A
6
25
3
62
A—A
32
ϕ12
2×ϕ5
50°
90°
□90
4×ϕ6
R9
ϕ40
I
72
ϕ56
72
I
4∶1
R2
ϕ7
12

练习 2-5-5

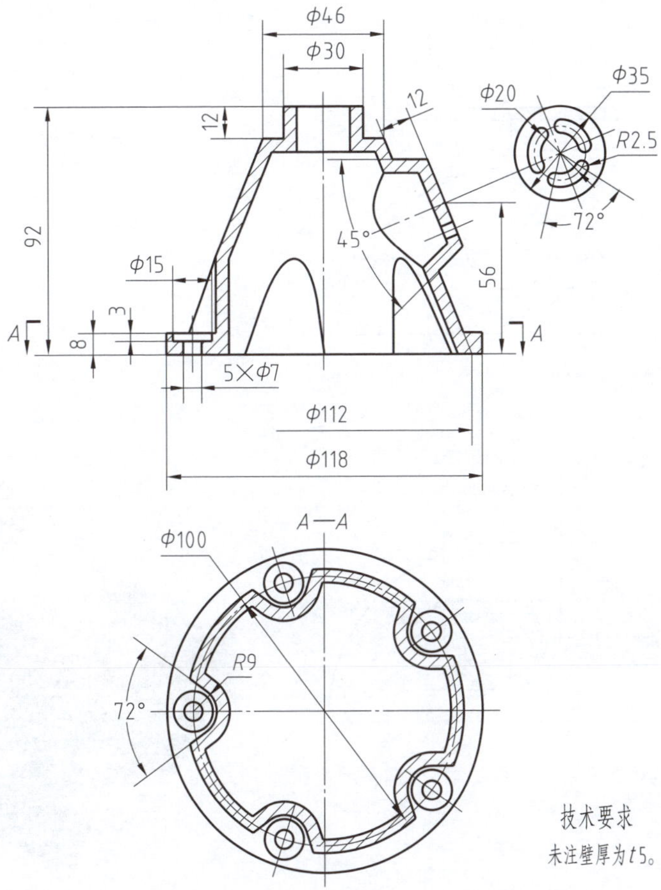

技术要求

未注壁厚为$t5$。

练习 2-5-6

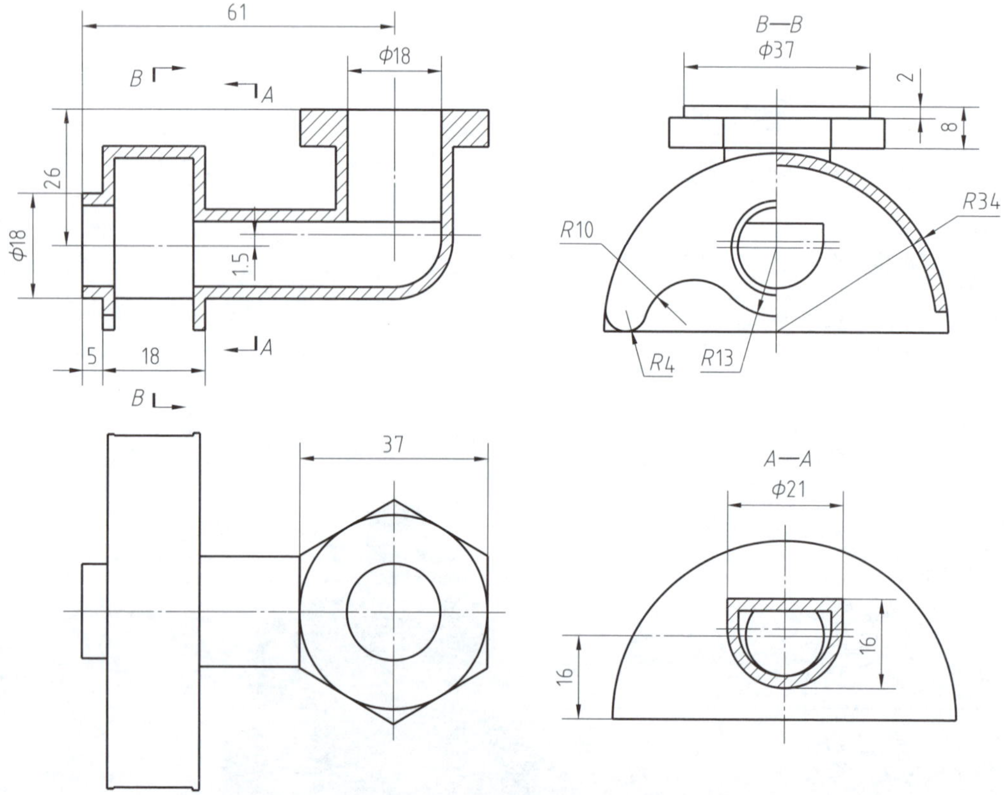

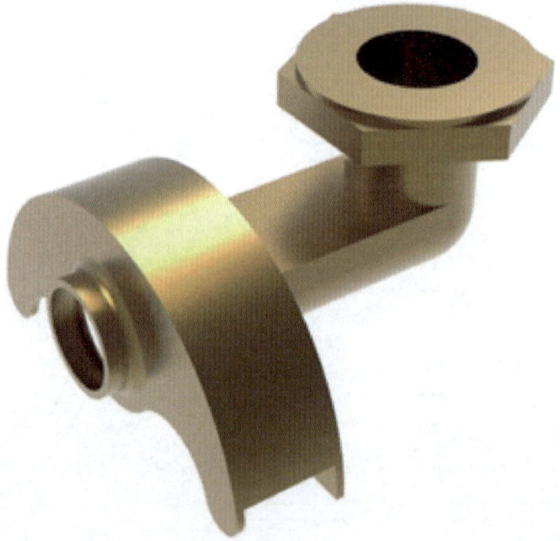

技术要求

未注壁厚为 t1.3。

练习 2-5-7

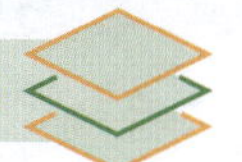

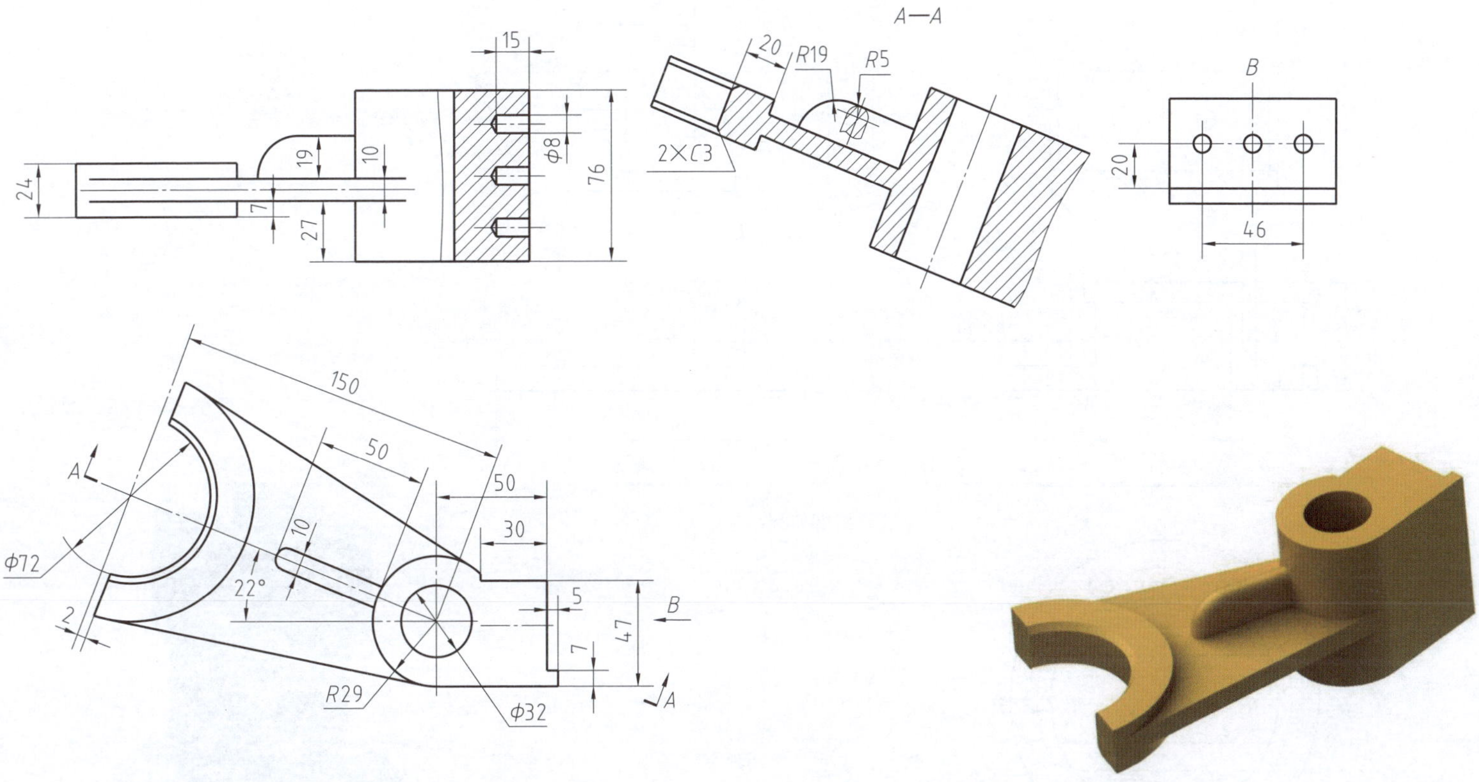
A—A
15
19
10
24
7
27
φ8
76
20
R19
R5
2×C3
B
20
46
150
50
50
30
10
A
φ72
22°
2
R29
φ32
5
7
47
B
A

练习 2-5-8

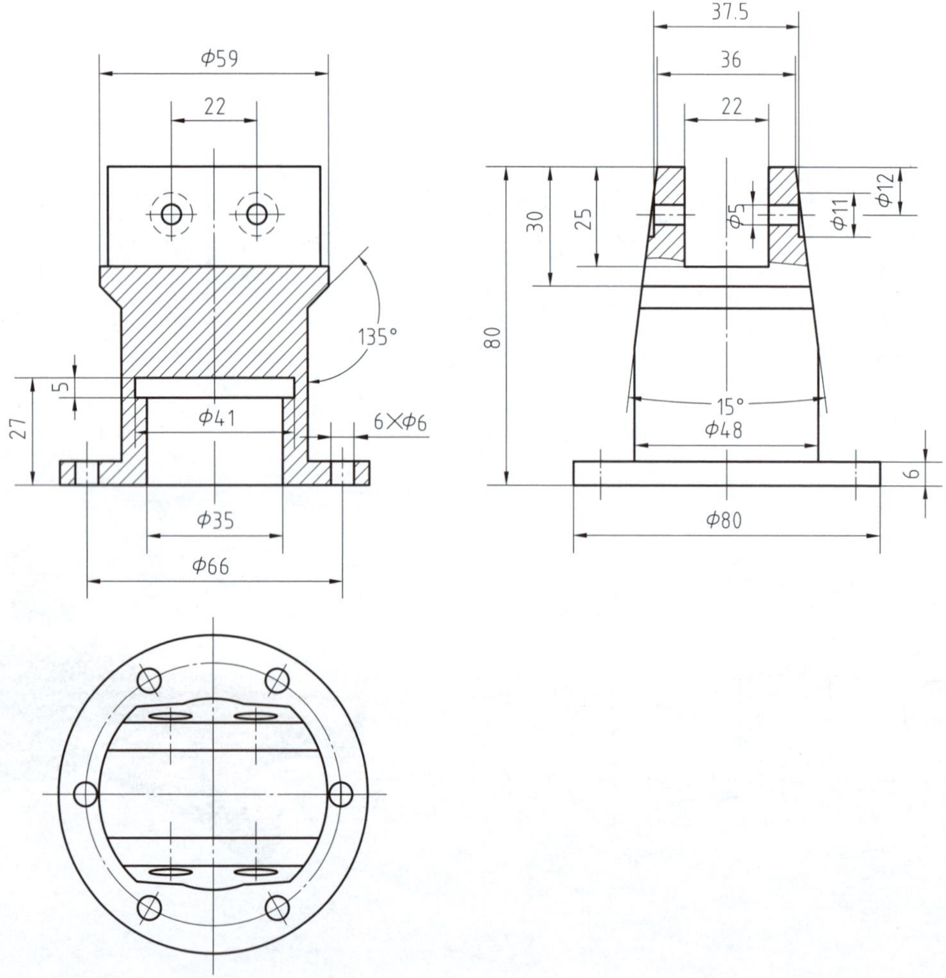

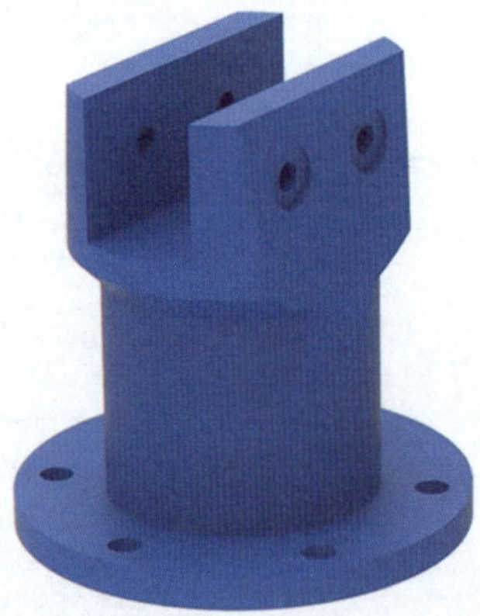

练习 2-5-9

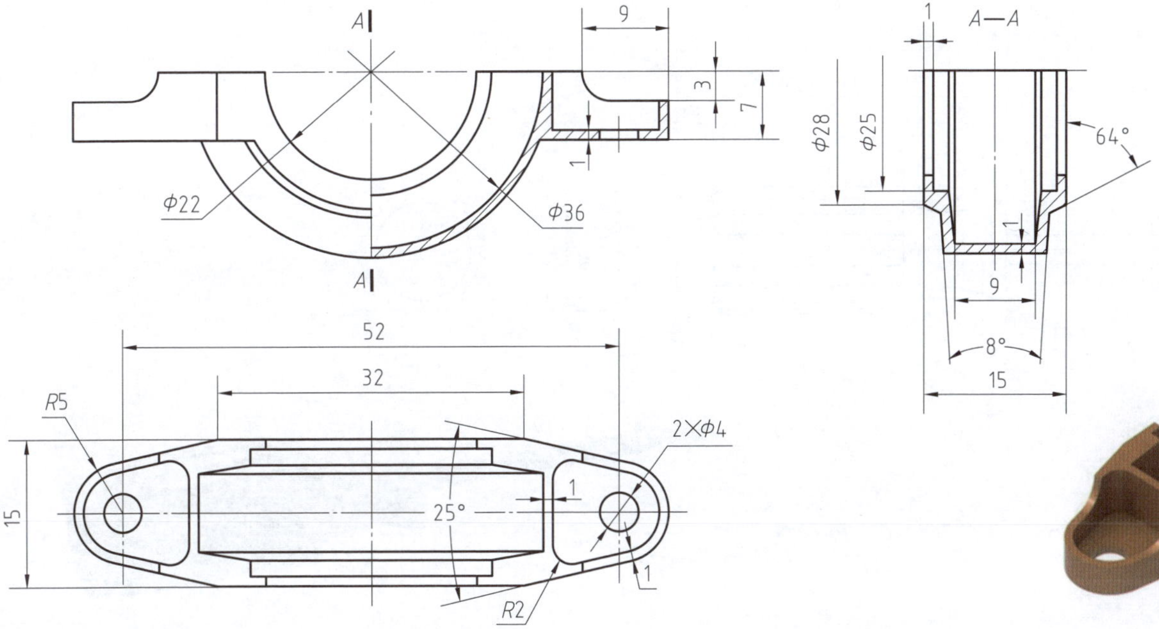

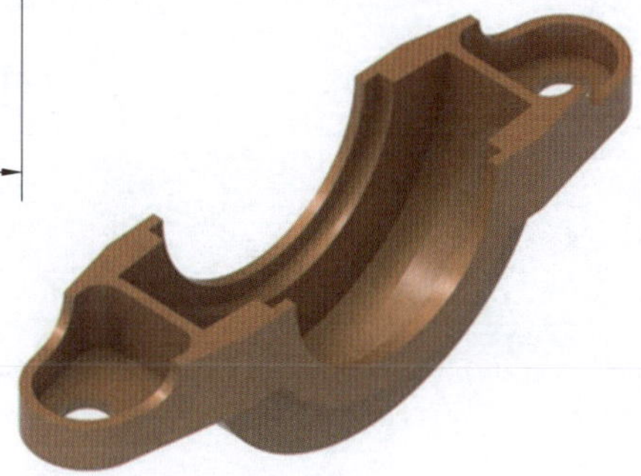

练习 2-5-10

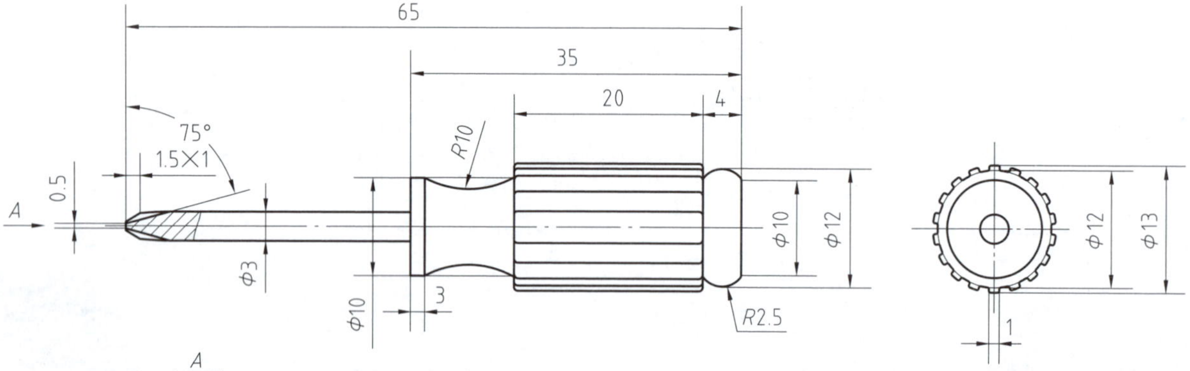

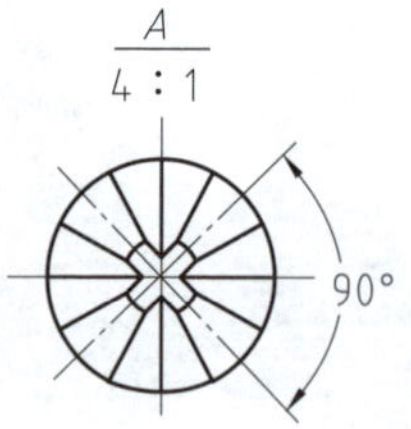

A
4 : 1

技术要求

手柄上的纹理圆角为R0.2。

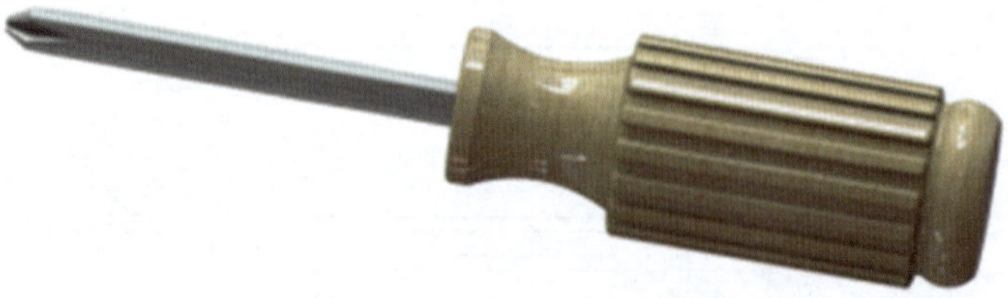

练习 2-5-11

A—A
38
35
5
12
10
Φ5
⌵Φ8×90°
Φ30
Φ15
Φ30
3
Φ45
Φ27
53
110
8
6
R10
2
Φ43
R5
R38
3
31
40
15
M42×2
Φ60
80
60
A
R10
70
50
35
4×M8
38
技术要求
未注圆角为R2~3。

练习 2-5-12

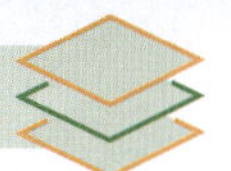

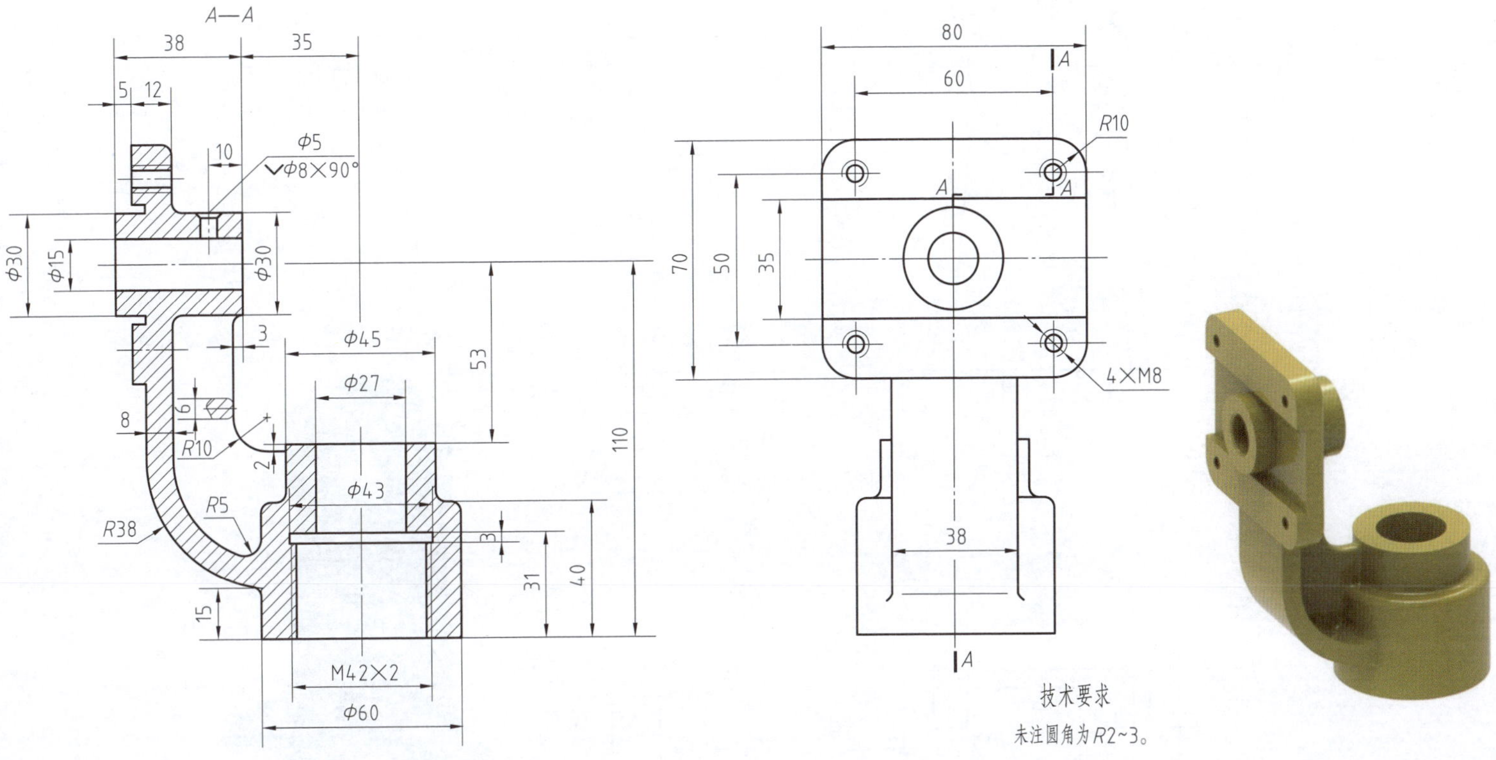

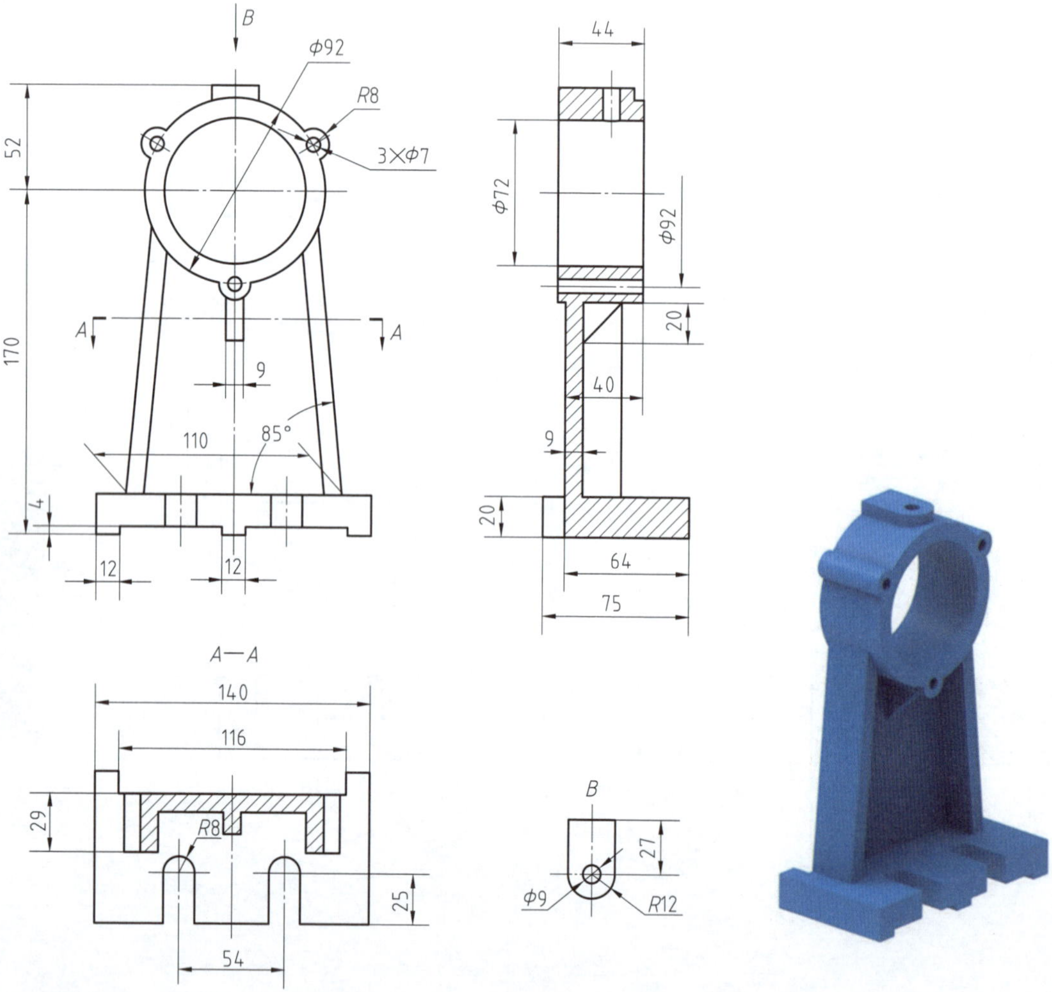

B

φ92

R8

3×φ7

52

170

A A

9

85°

110

4

12 12

44

φ72

φ92

20

40

9

20

64

75

A—A

140

116

29

R8

25

54

B

27

φ9

R12

练习 2-5-13

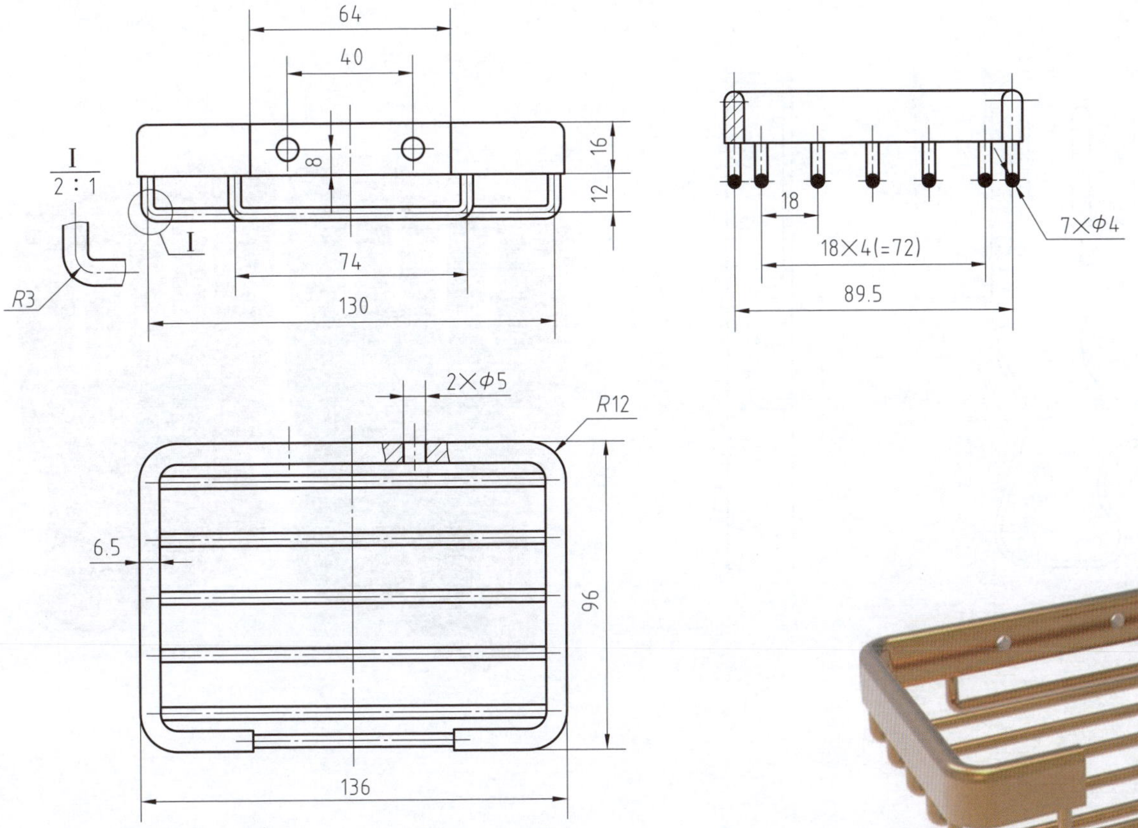

64
40
16
12
8
I
2 : 1
I
R3
74
130
18
7×Φ4
18×4(=72)
89.5
2×Φ5
R12
6.5
96
136

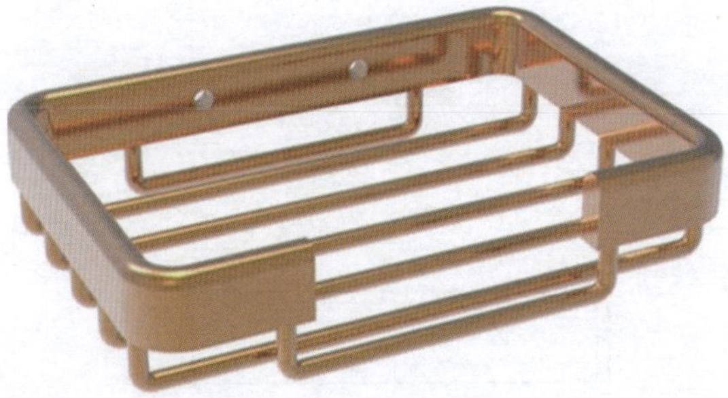

练习 2-5-14

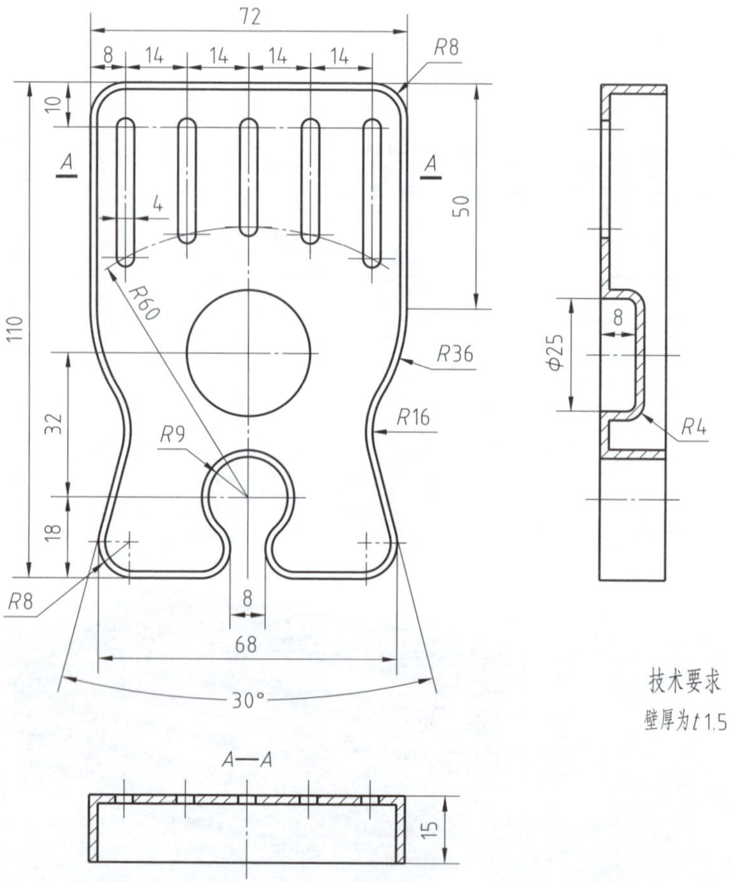

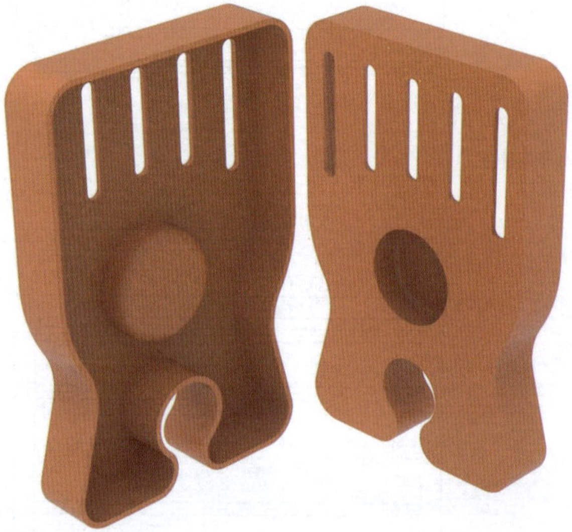

A—A

技术要求

壁厚为t1.5。

练习 2-5-15

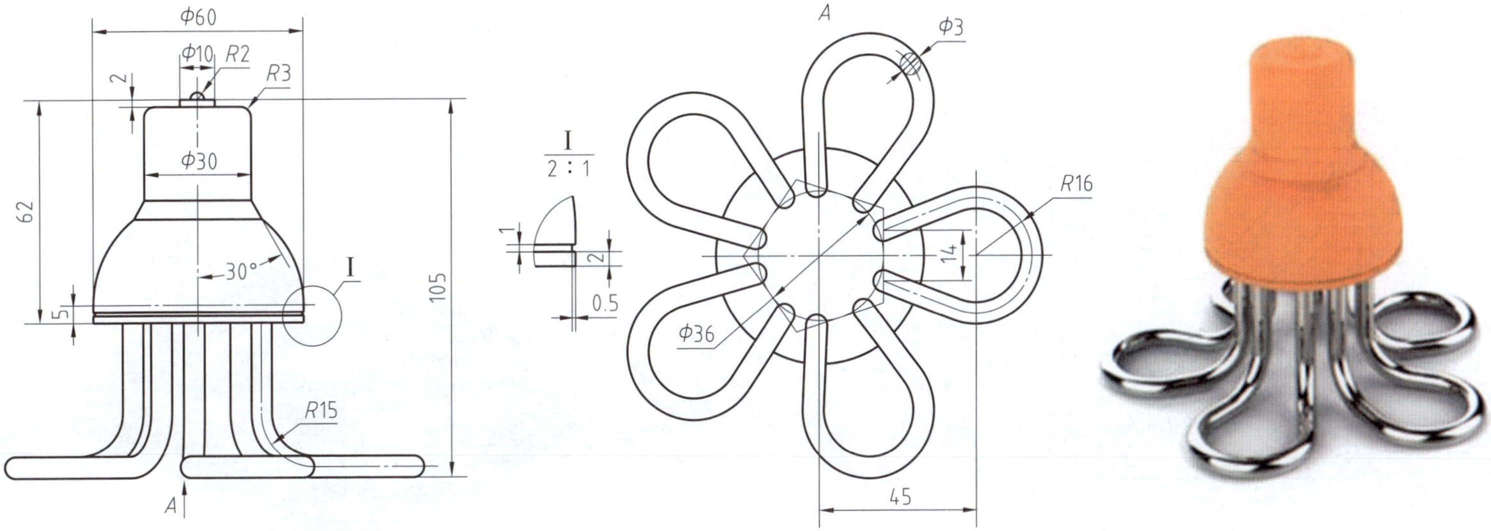

练习 2-5-16

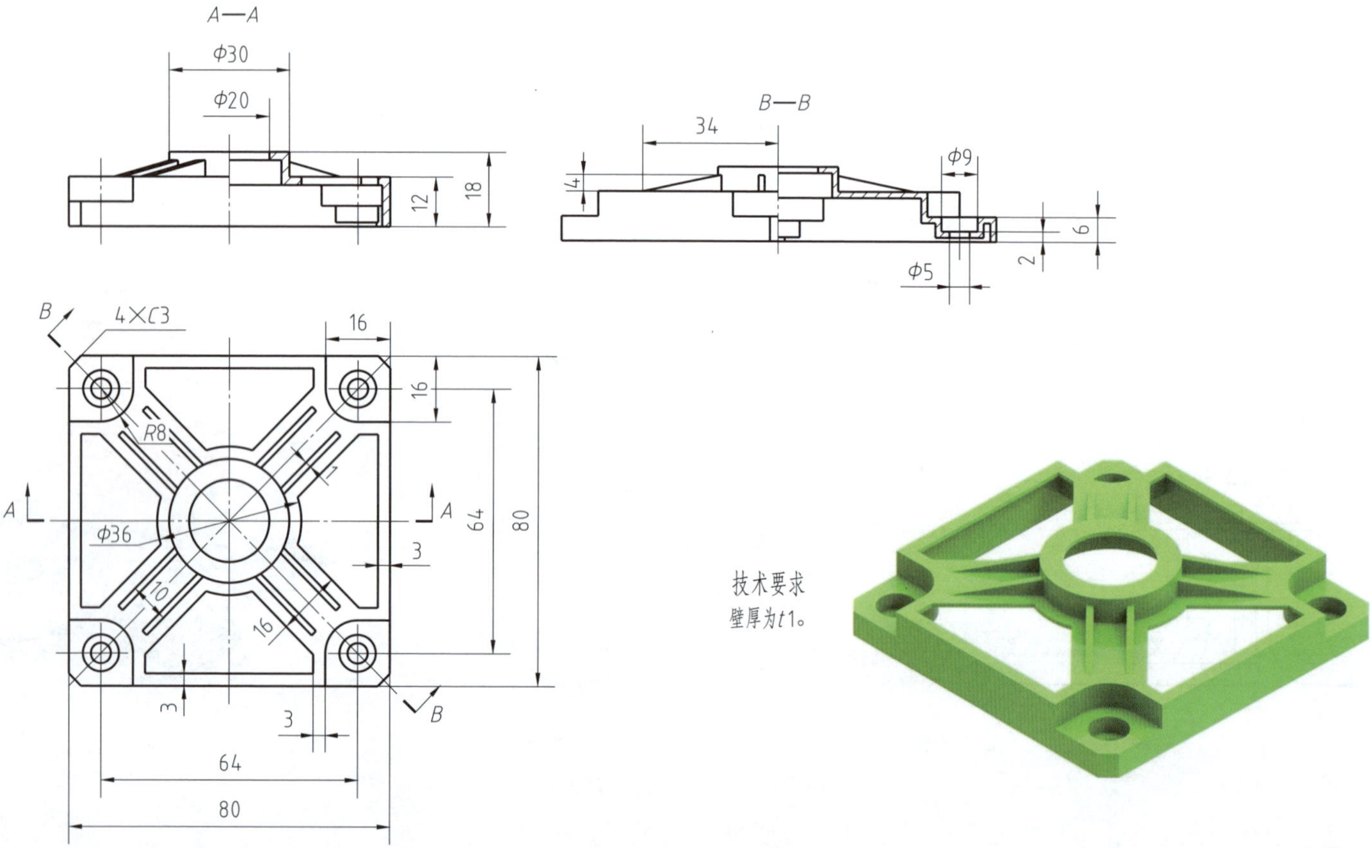

技术要求
壁厚为$t1$。

练习 2-5-17

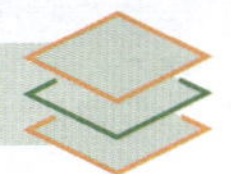

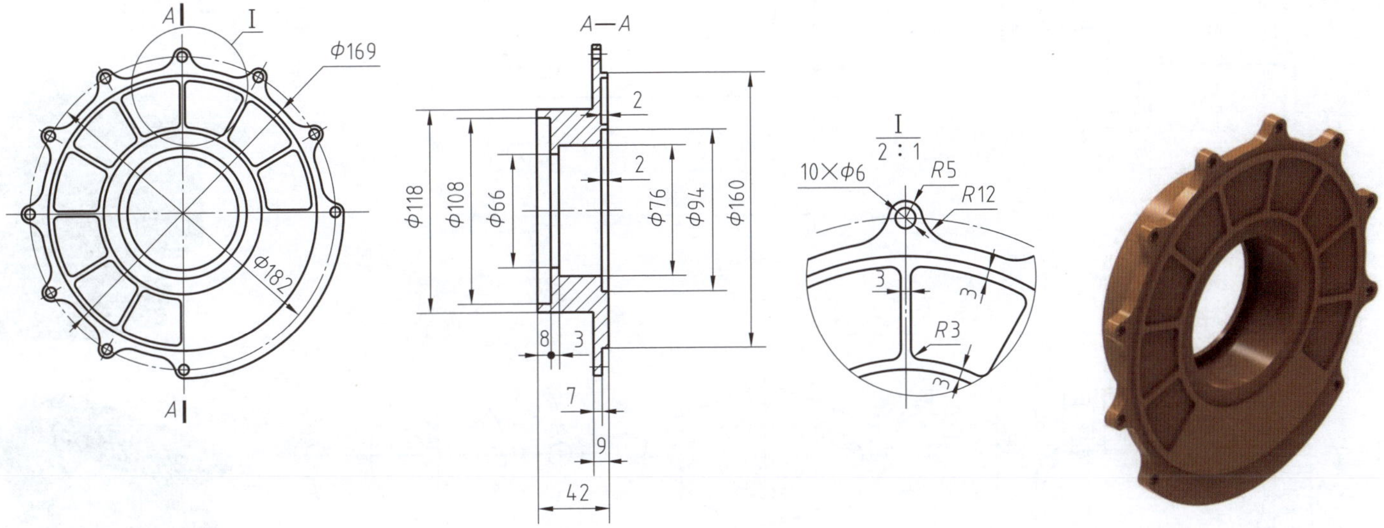

A—A

I
2∶1

10×ϕ6　R5　R12　R3　3　3　3

ϕ169　ϕ182　ϕ118　ϕ108　ϕ66　ϕ76　ϕ94　ϕ160　2　2　8　3　7　9　42

练习 2-5-18

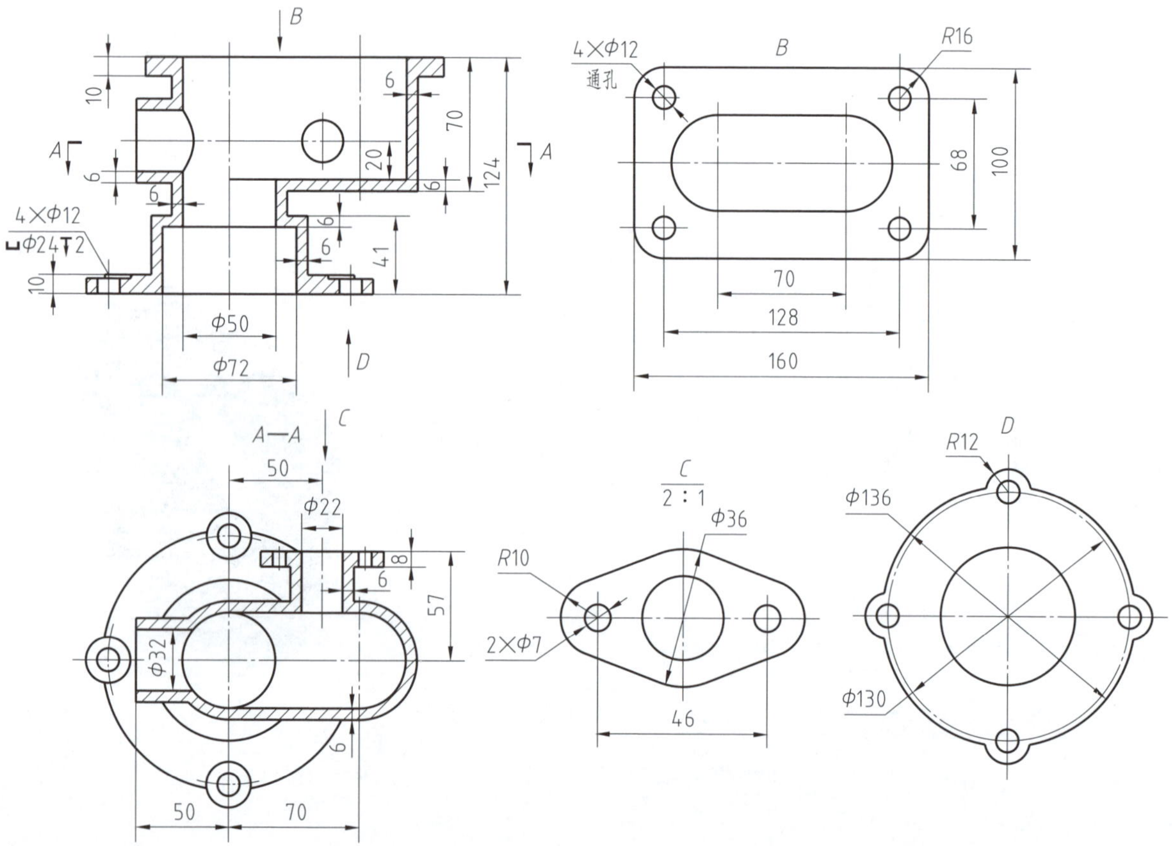

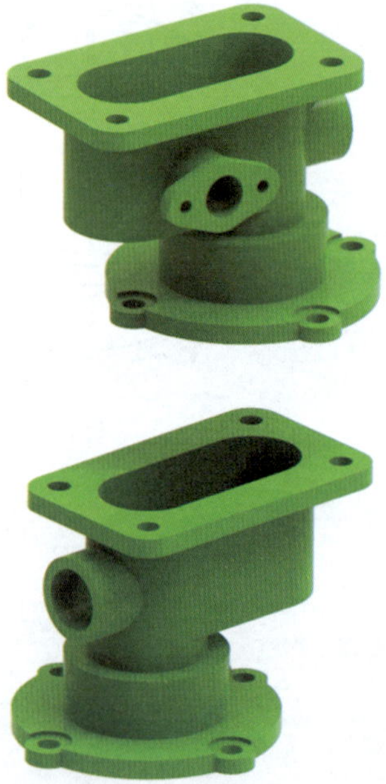

练习 2-5-19

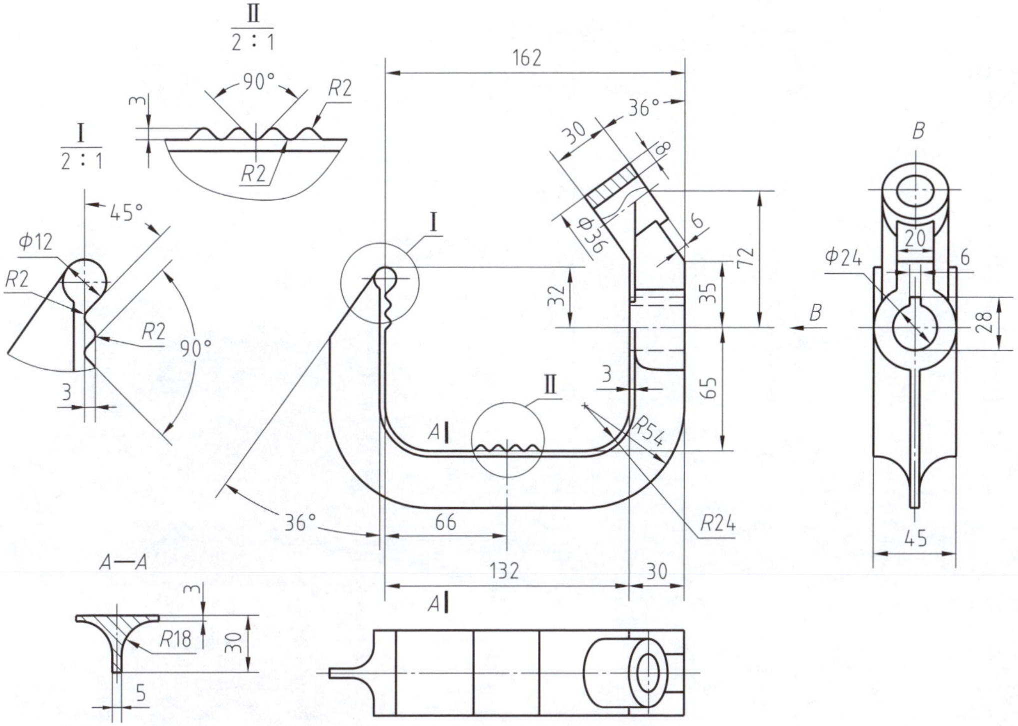

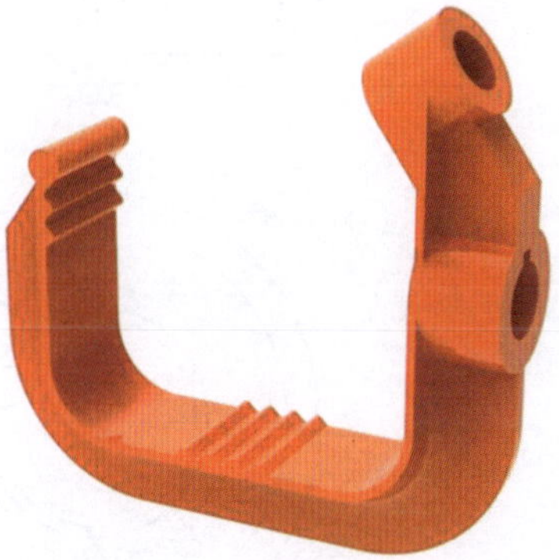

练习 2-5-20

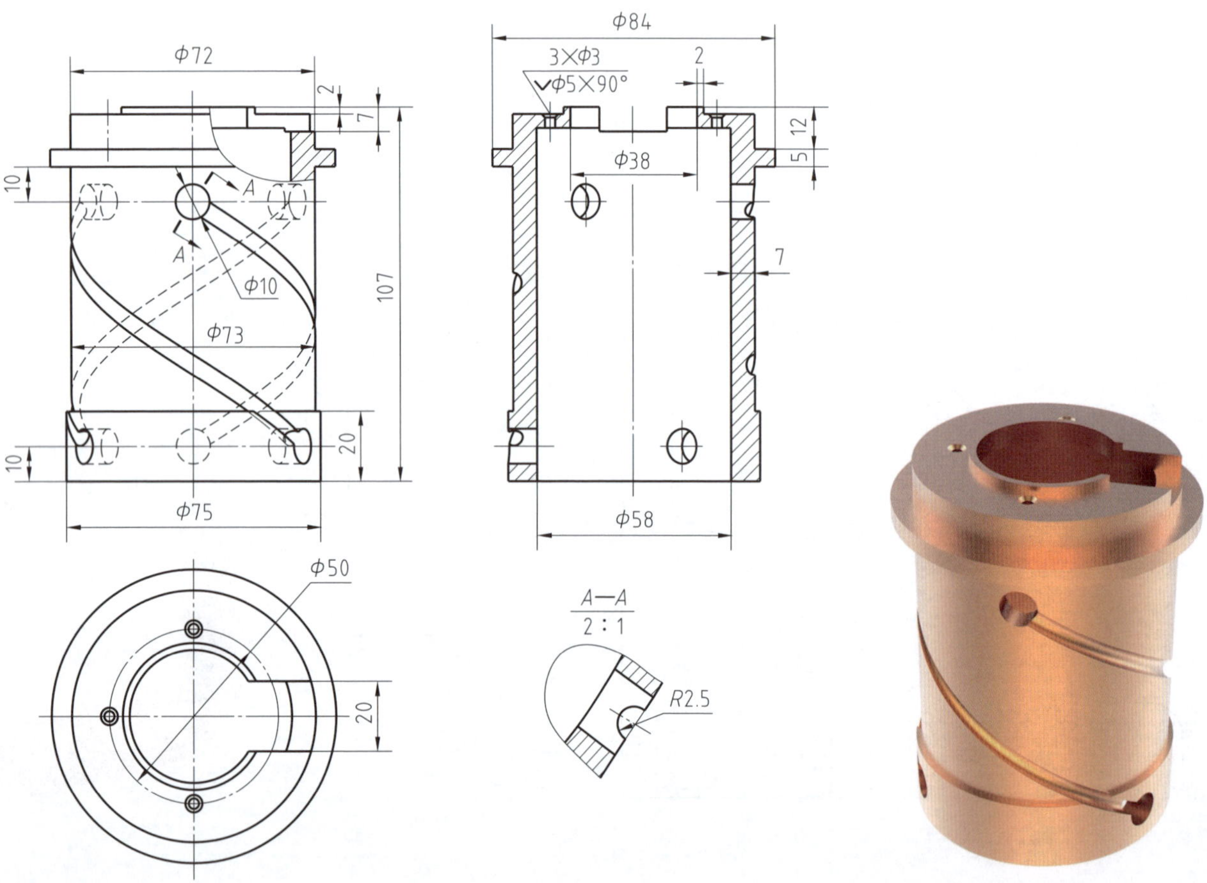
Φ72
2
7
10
A
A
Φ10
Φ73
107
20
10
Φ75
Φ84
3×Φ3
⌵Φ5×90°
2
12
5
Φ38
7
Φ58
Φ50
20
A—A
2:1
R2.5

练习 2-5-21

第三篇　曲 面 建 模

一、基础曲面建模

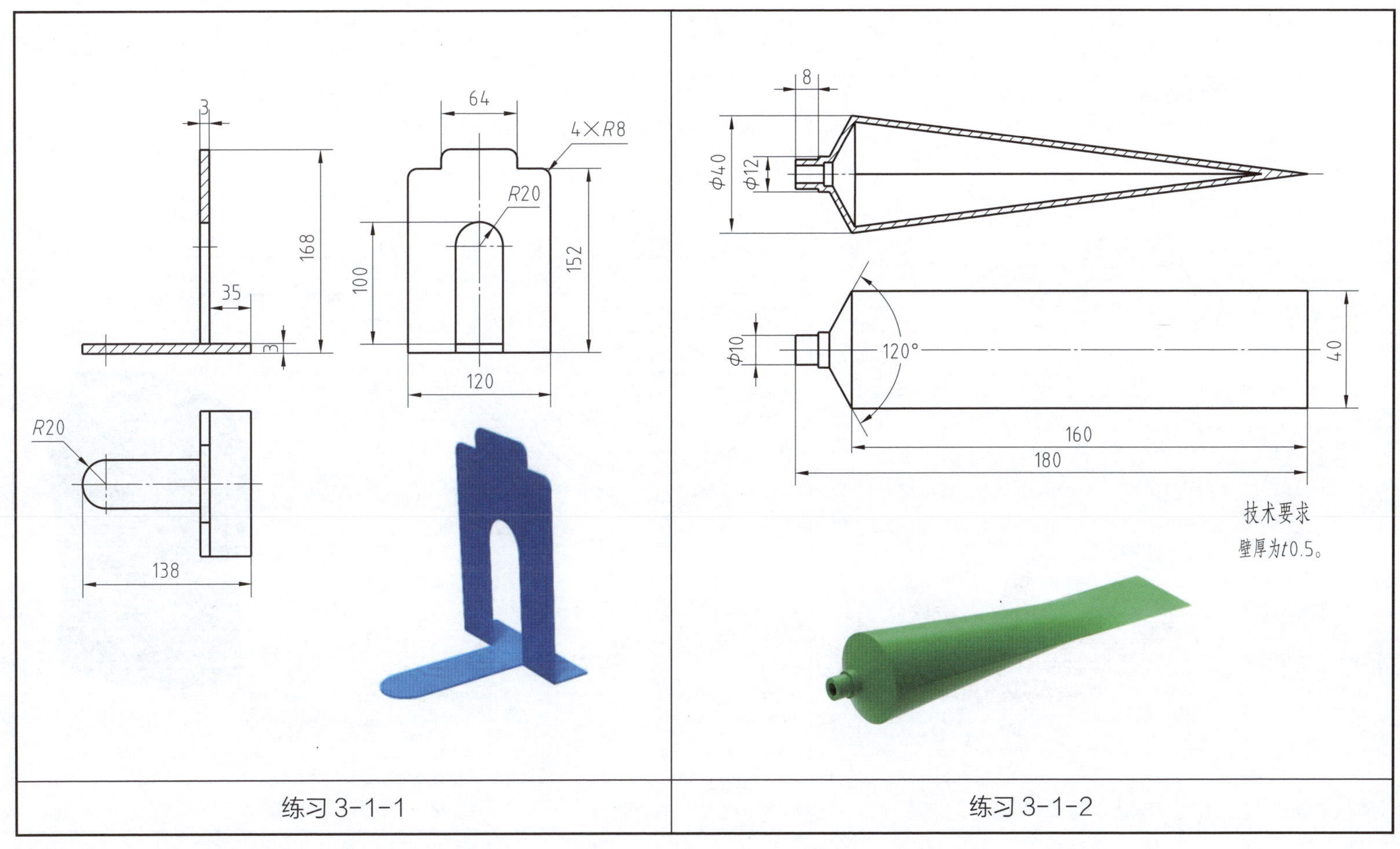

练习 3-1-1

练习 3-1-2

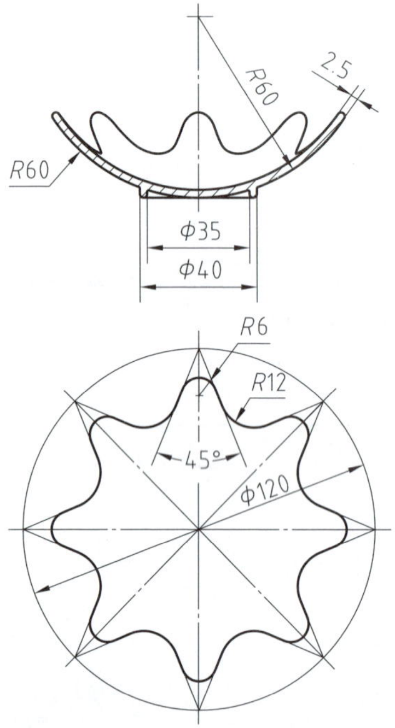

R60
2.5
R60
φ35
φ40
R6
R12
45°
φ120

技术要求
未注圆角为R1.25。

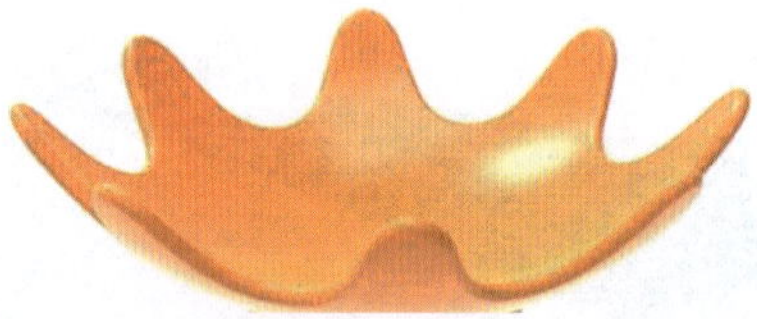

练习 3-1-3

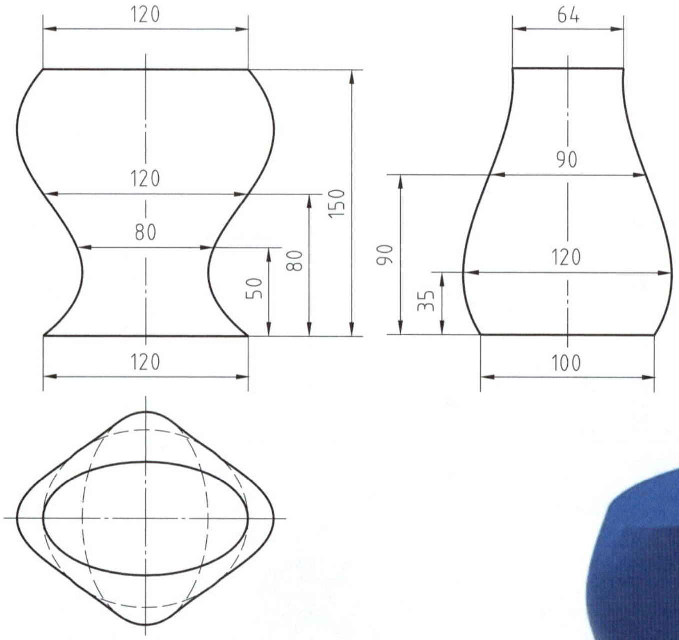

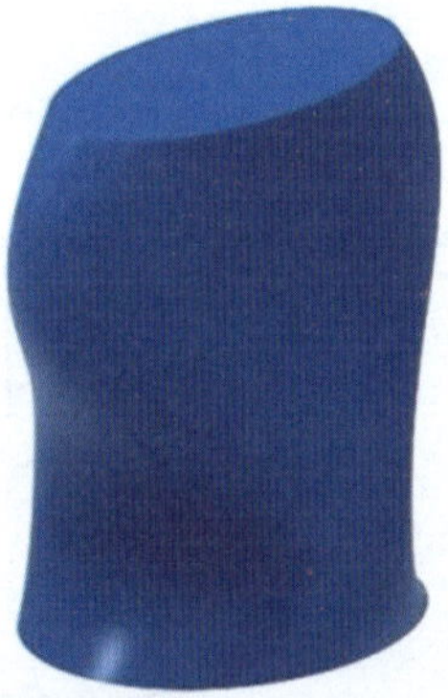

120
120
80
50
80
150
120
64
90
120
90
35
100

练习 3-1-4

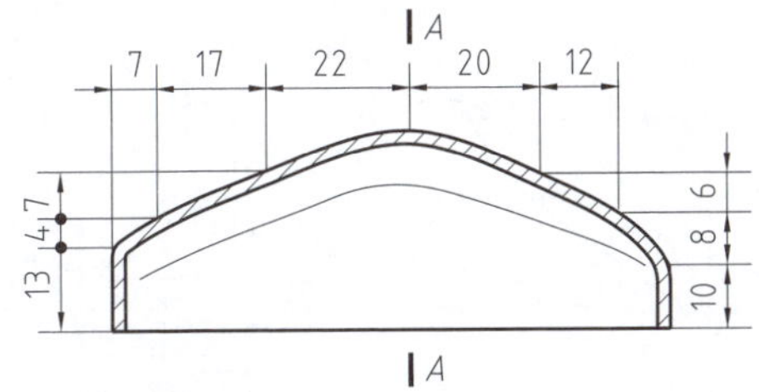

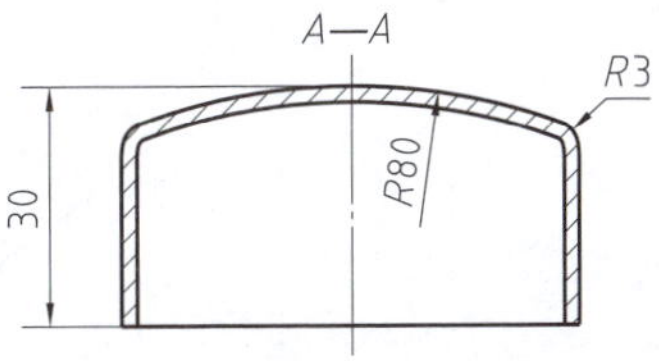

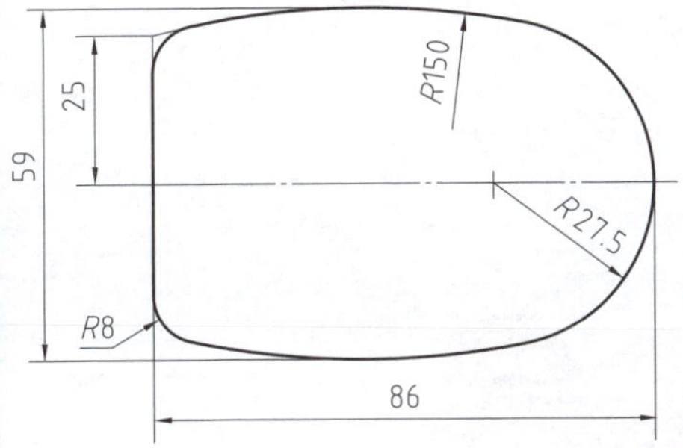

技术要求

1. 壁厚为$t2$。
2. 样条曲线通过标注尺寸和曲率控标调整形状。

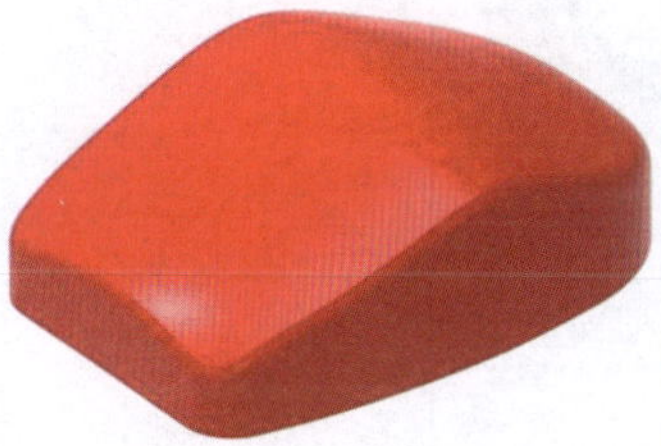

练习 3-1-5

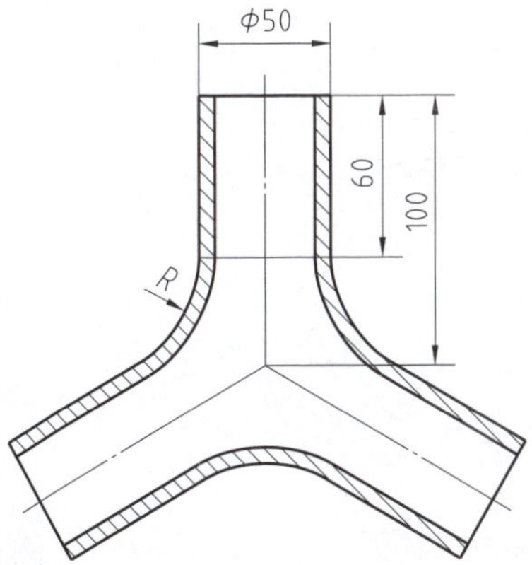

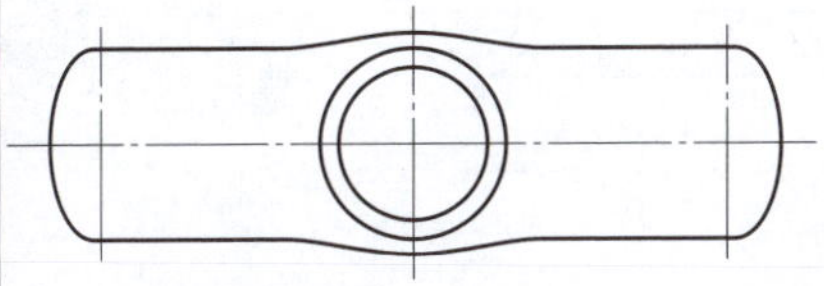

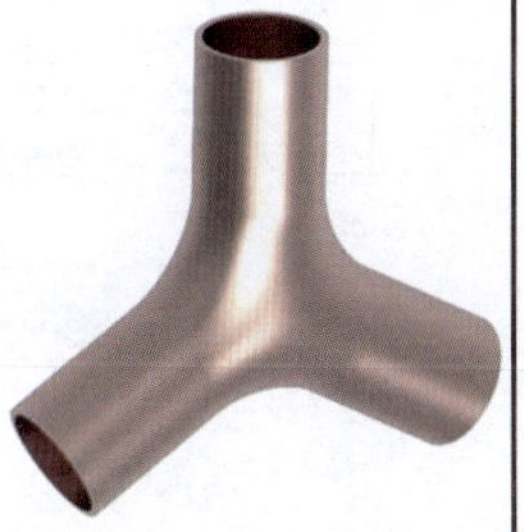

技术要求

1. 三个管道连接部位的曲面光顺；
2. 壁厚为$t3$。

练习 3-1-6

140
R70
Φ50
30
Φ40
Φ40
Φ120
技术要求
1. 壁厚为t6；
2. 圆柱和圆环连接部位的曲面光顺。
120
82
20
0
200
190
152
110
78
0
A
A
164
90
0
0
52
38
0
150
118
74
36
0
40
16
0
A—A
29
92
技术要求
样条曲线通过标注尺寸和曲率控标调整形状。

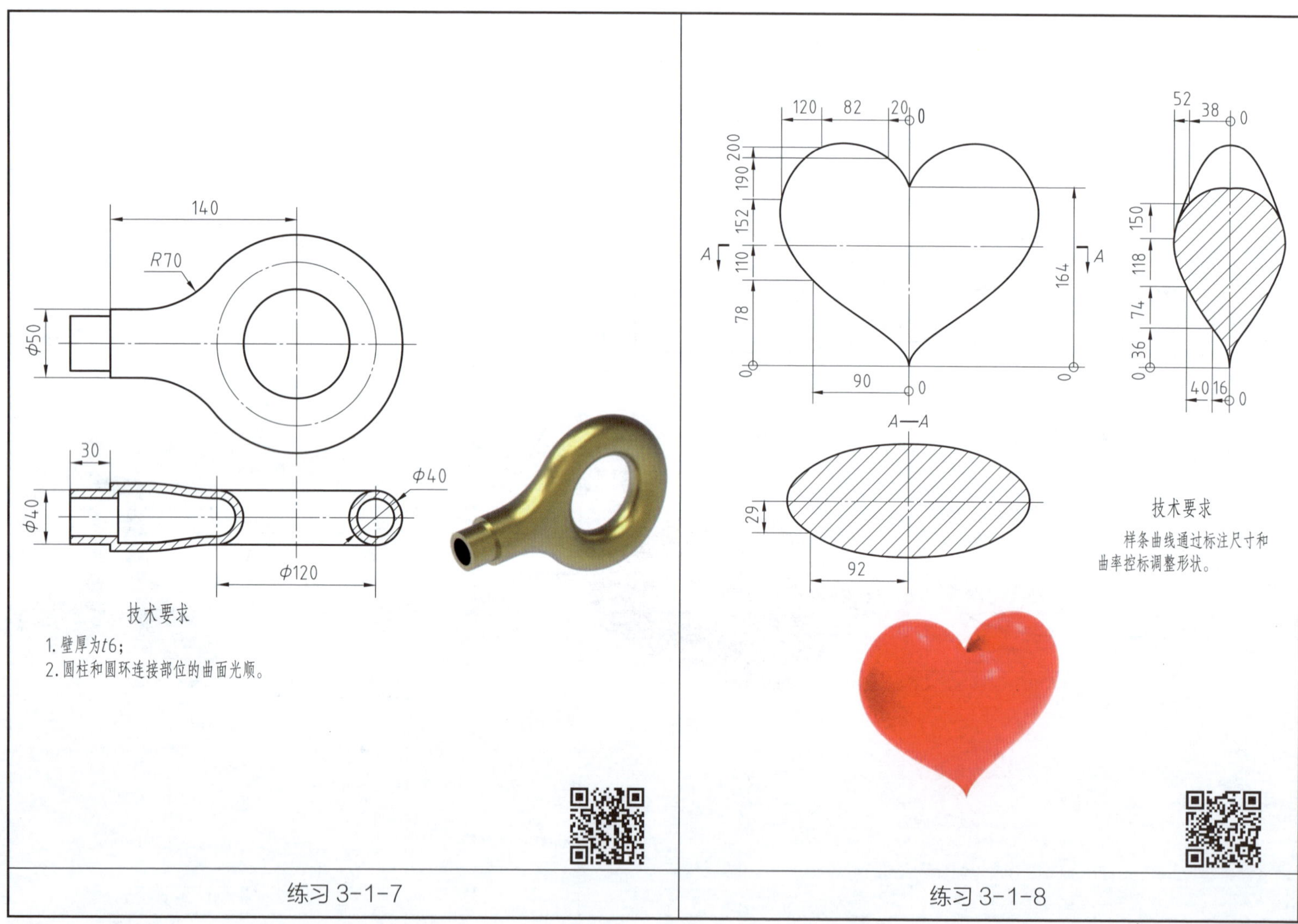

练习 3-1-7

练习 3-1-8

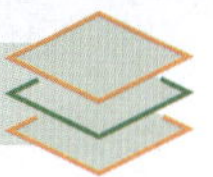

二、综合曲面建模

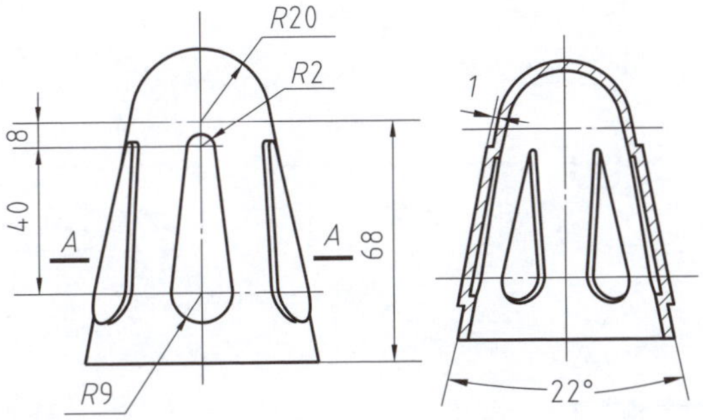

A—A

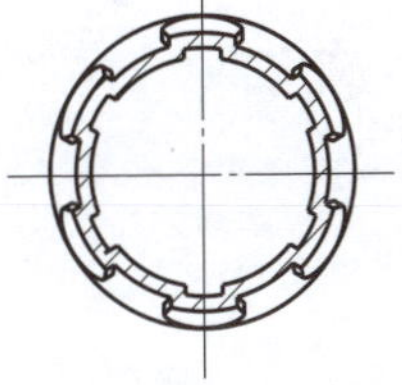

技术要求
壁厚为t3。

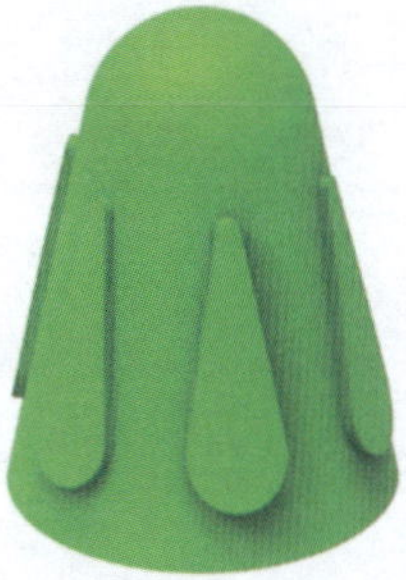

练习 3-2-1

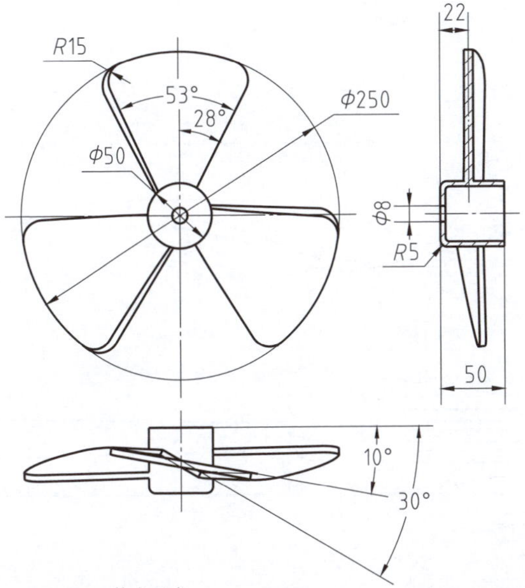

技术要求

1. 壁厚为t3；

2. 扇叶的内外两条曲线通过平面草图投影到圆柱面所得。

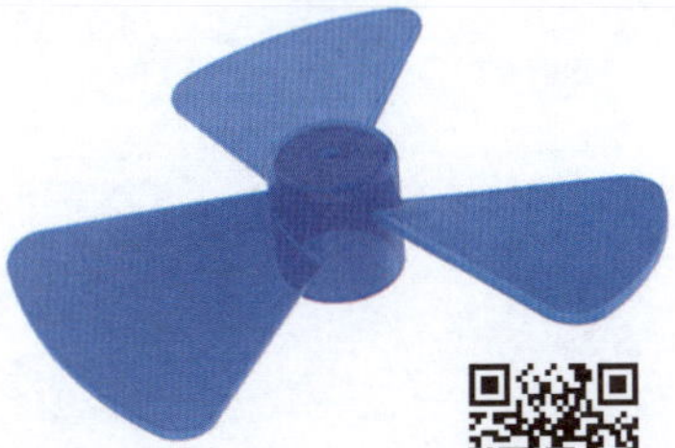

练习 3-2-2

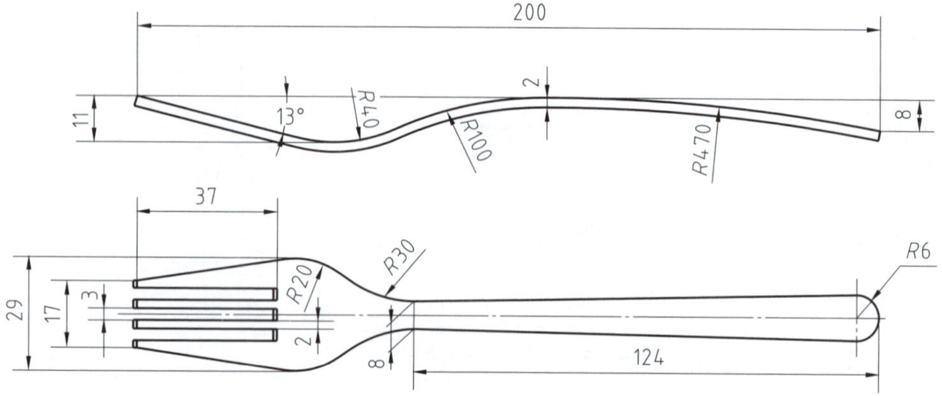

技术要求

未注圆角为R0.8。

练习 3-2-3

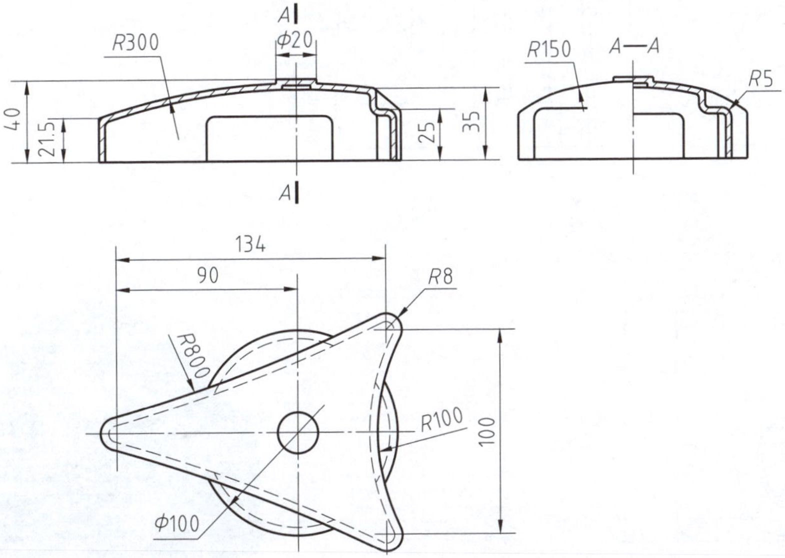

A
ϕ20
R300
40
21.5
25
35
A
R150
A—A
R5
134
90
R8
R800
R100
100
ϕ100

技术要求

1. 全部壁厚为t3；
2. 未注圆角为R2。

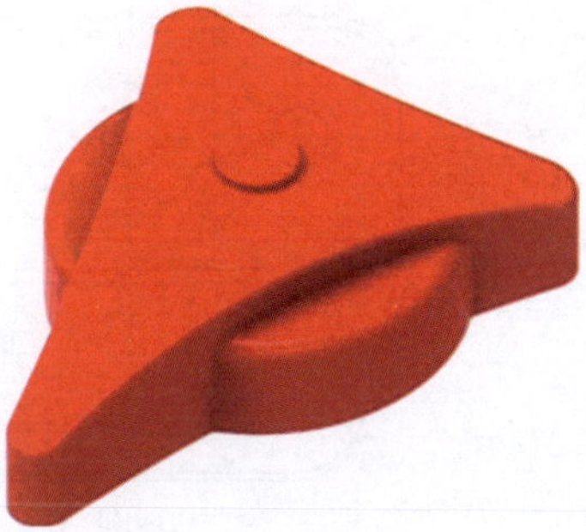

练习 3-2-4

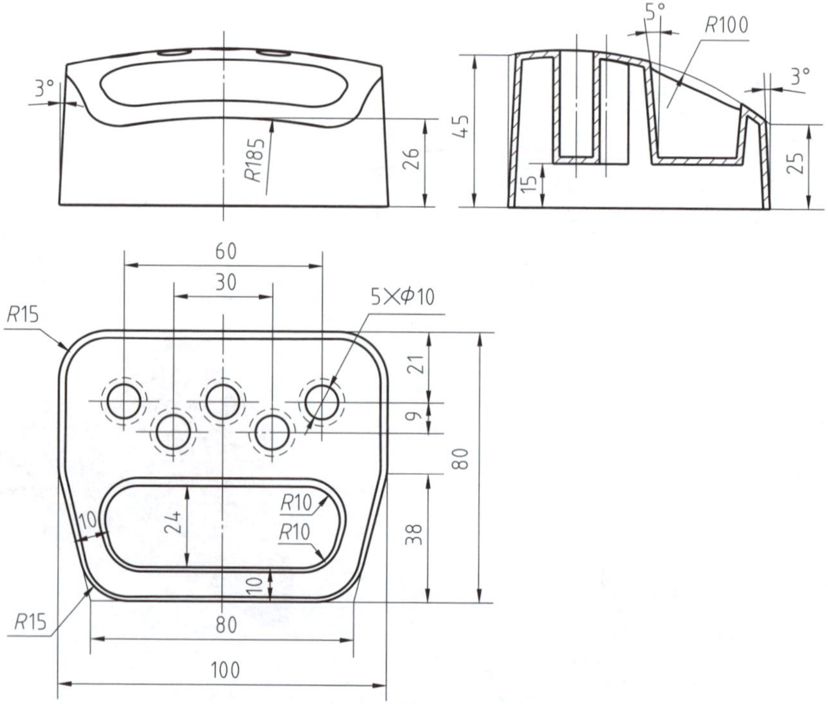

技术要求

1. 全部壁厚为t2；
2. 未注圆角为R2。

练习 3-2-5

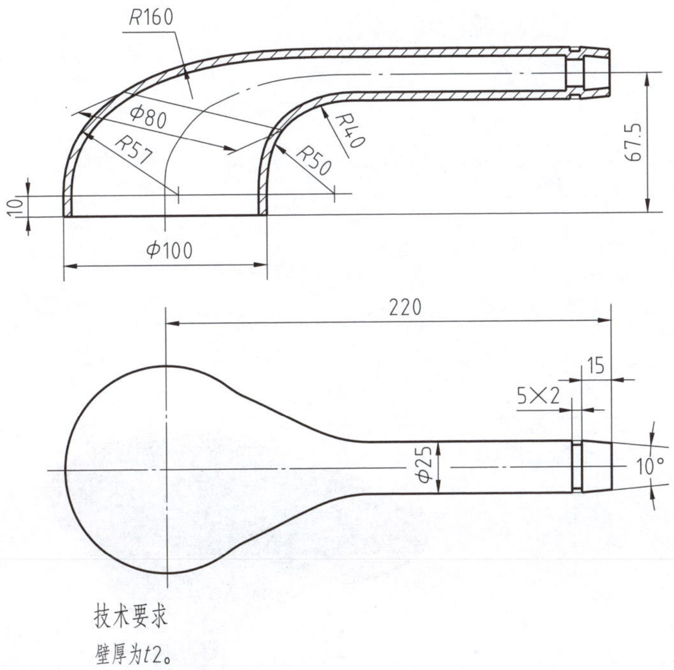

技术要求
壁厚为$t2$。

练习 3-2-6

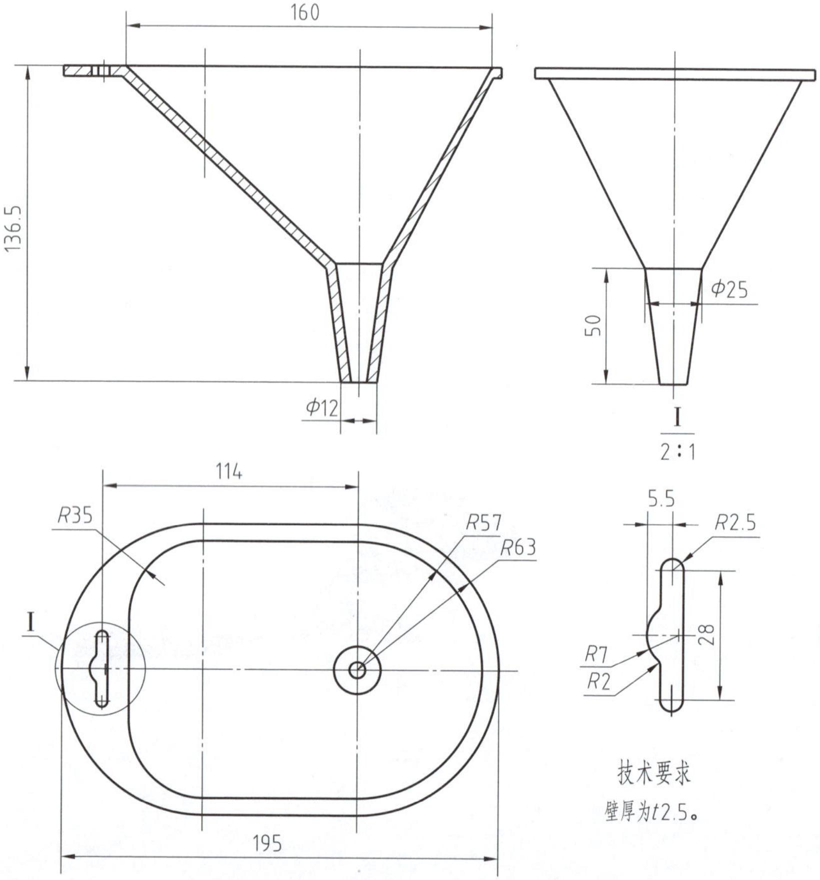

技术要求
壁厚为t2.5。

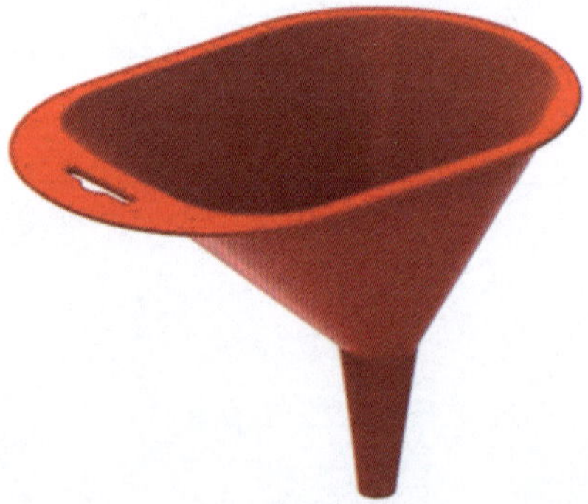

练习 3-2-7

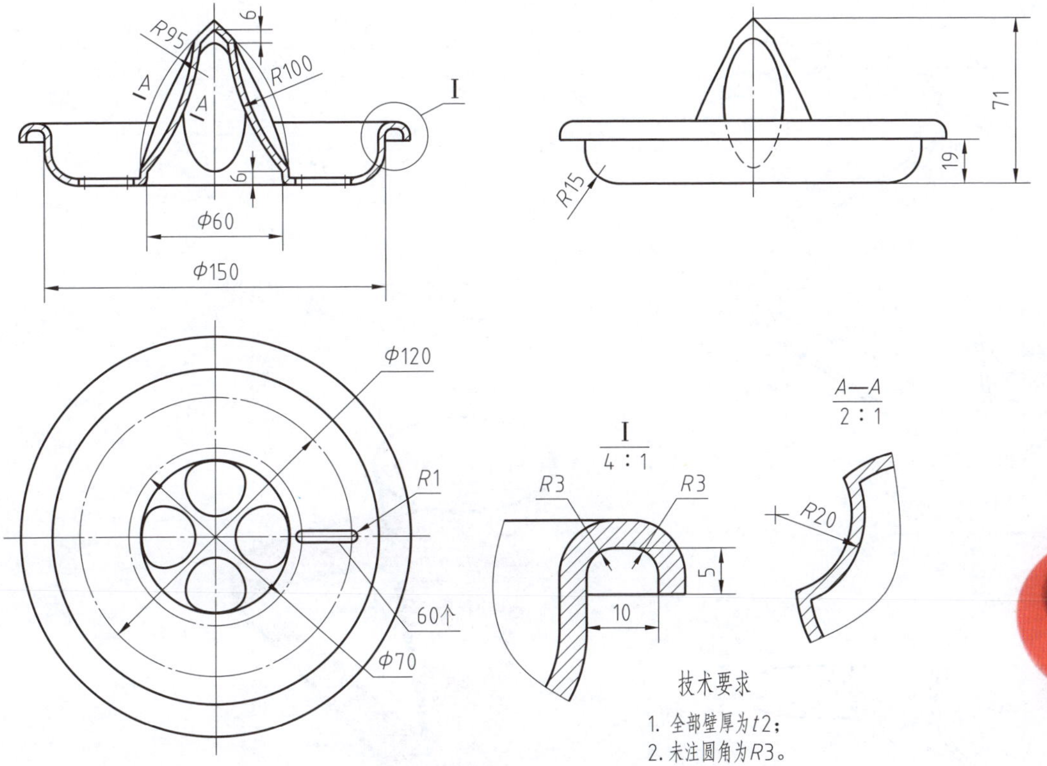

R95
6
R100
A
A
I
6
Φ60
Φ150
71
19
R15
Φ120
R1
60个
Φ70
I
4:1
R3
R3
5
10
A—A
2:1
R20

技术要求

1. 全部壁厚为$t2$；
2. 未注圆角为$R3$。

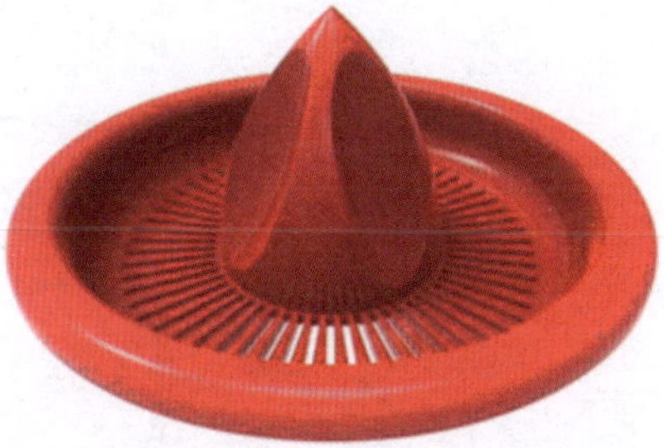

练习 3-2-8

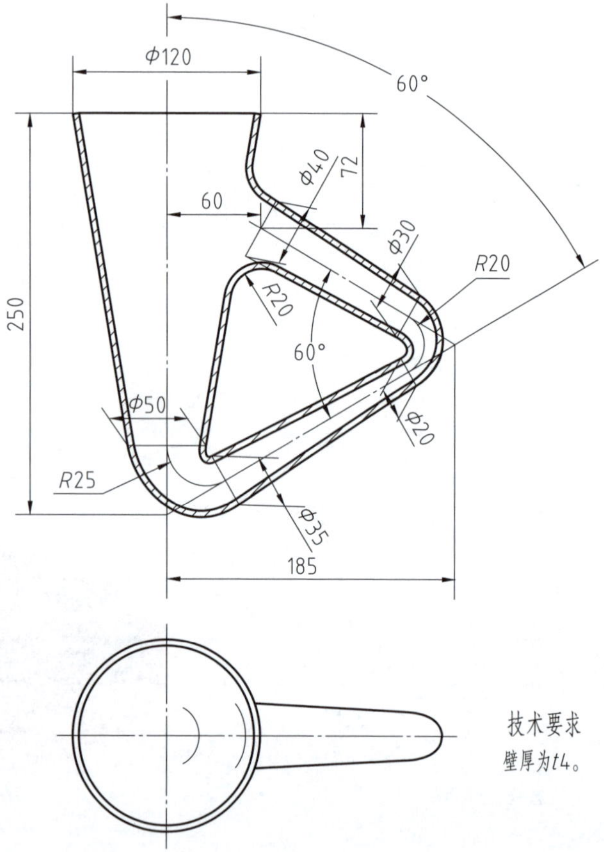

技术要求
壁厚为t4。

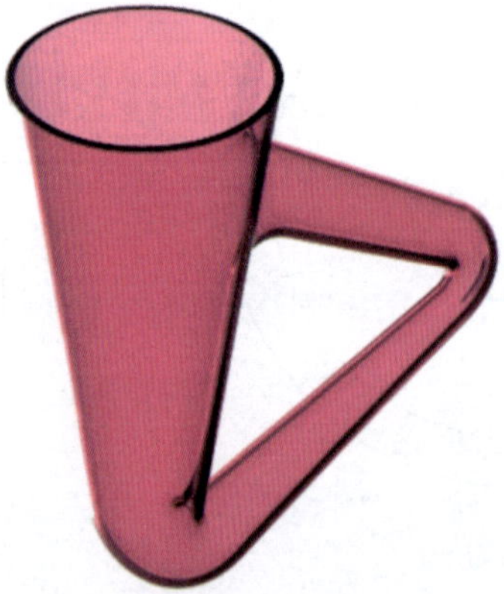

练习 3-2-9

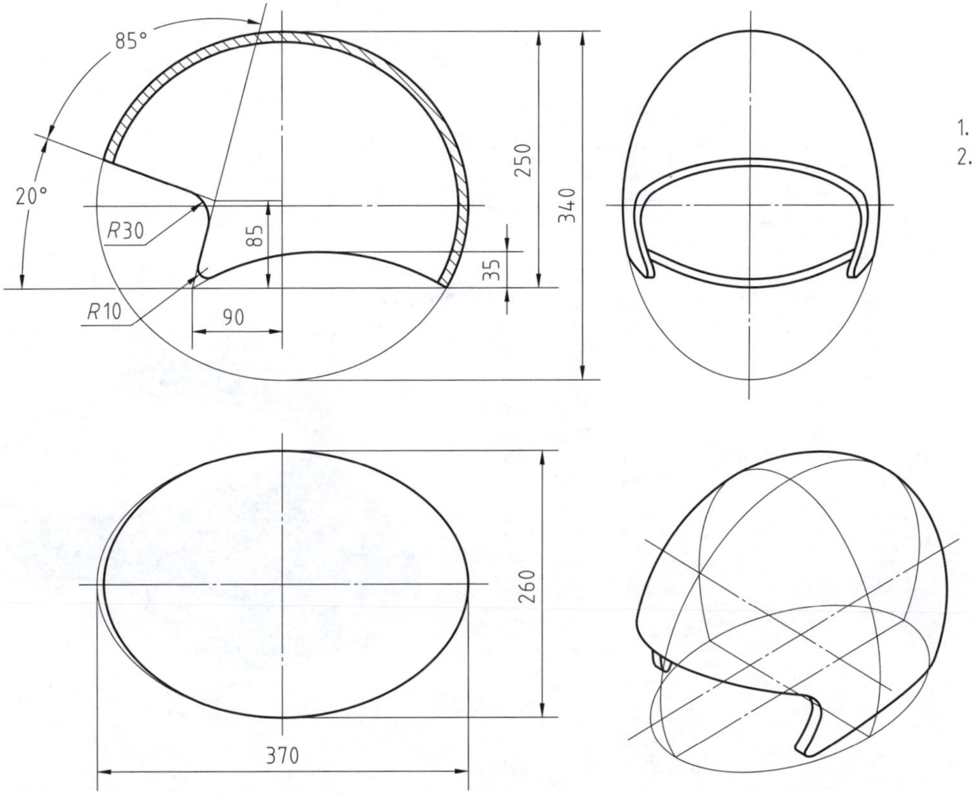

技术要求

1. 壁厚为$t6$；
2. 椭圆1和椭圆2的中心重合。

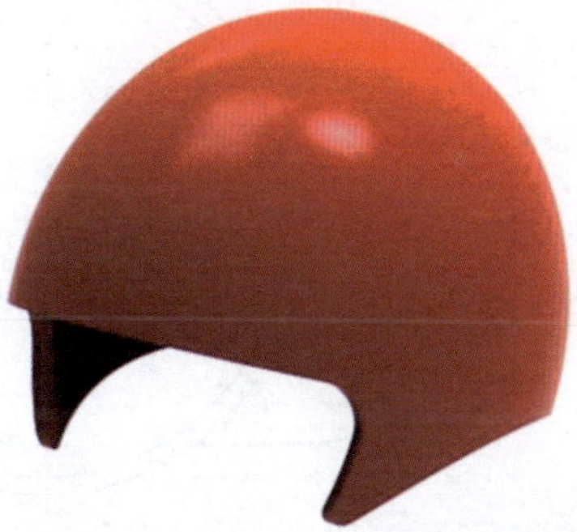

练习 3-2-10

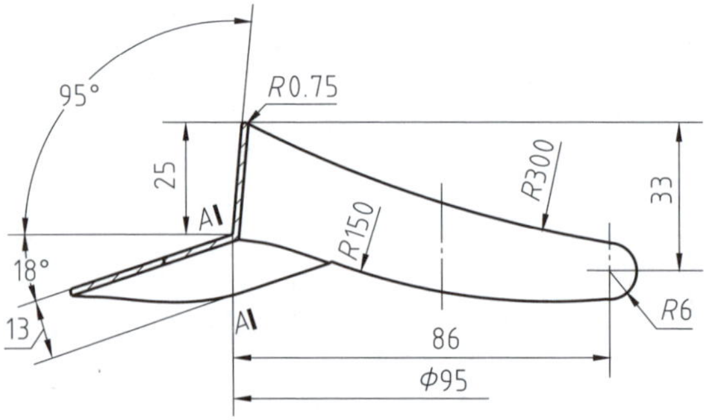

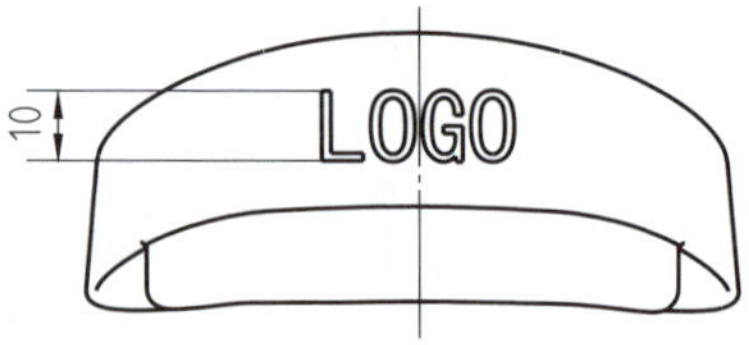

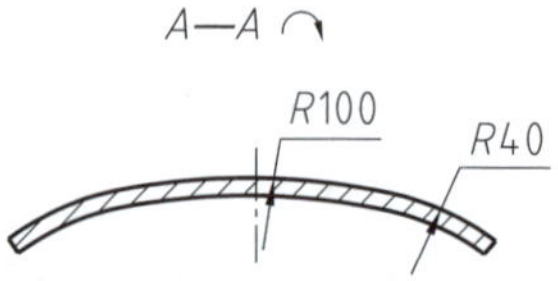

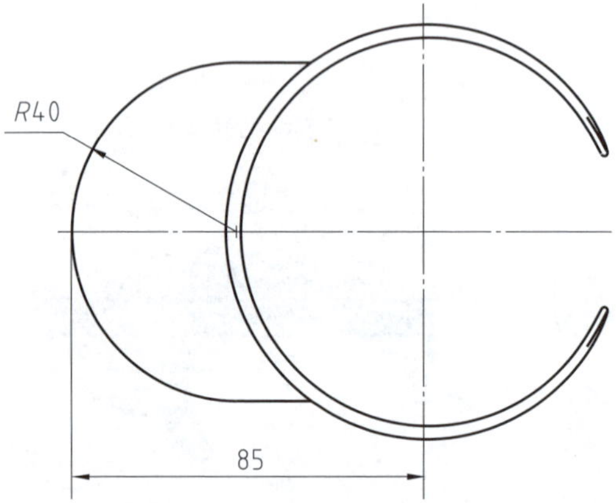

A—A

技术要求

1. 壁厚为t1.5；

2. 文字“LOGO”使用宋体字体，凸出高度为0.5，位置可自行决定。

练习 3-2-11

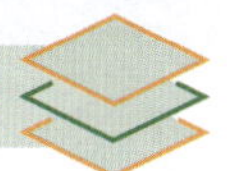

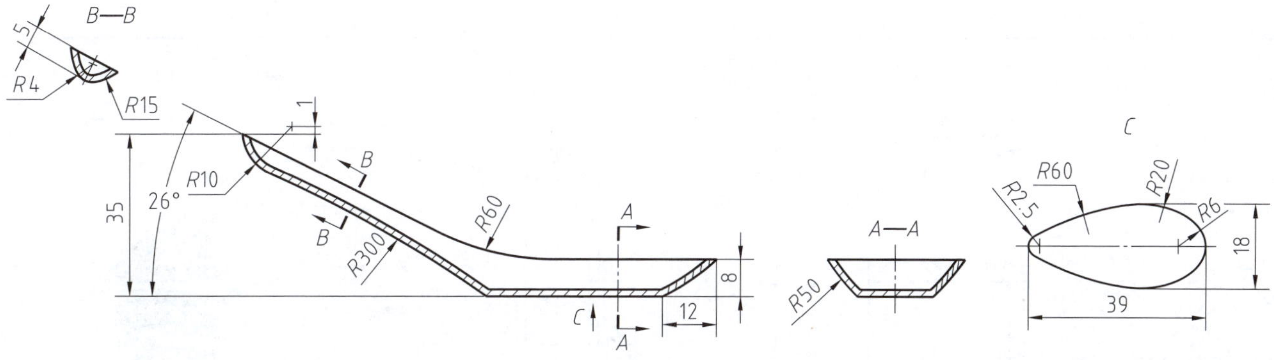

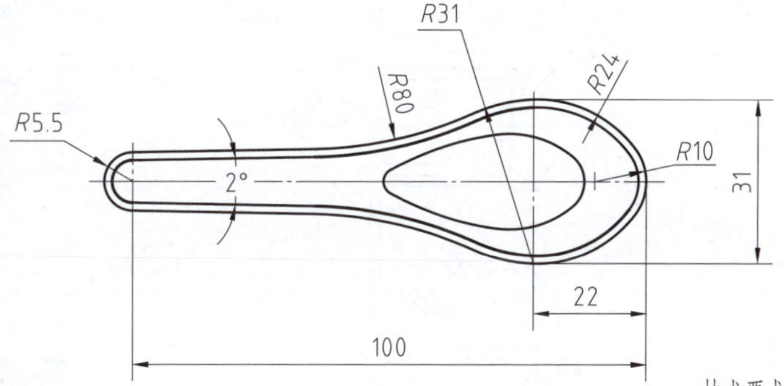

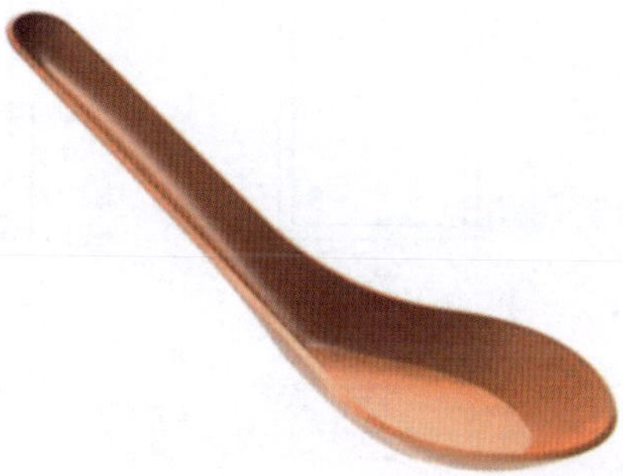

技术要求

壁厚为$t1.5$。

练习 3-2-12

第四篇 组件装配

一、书架

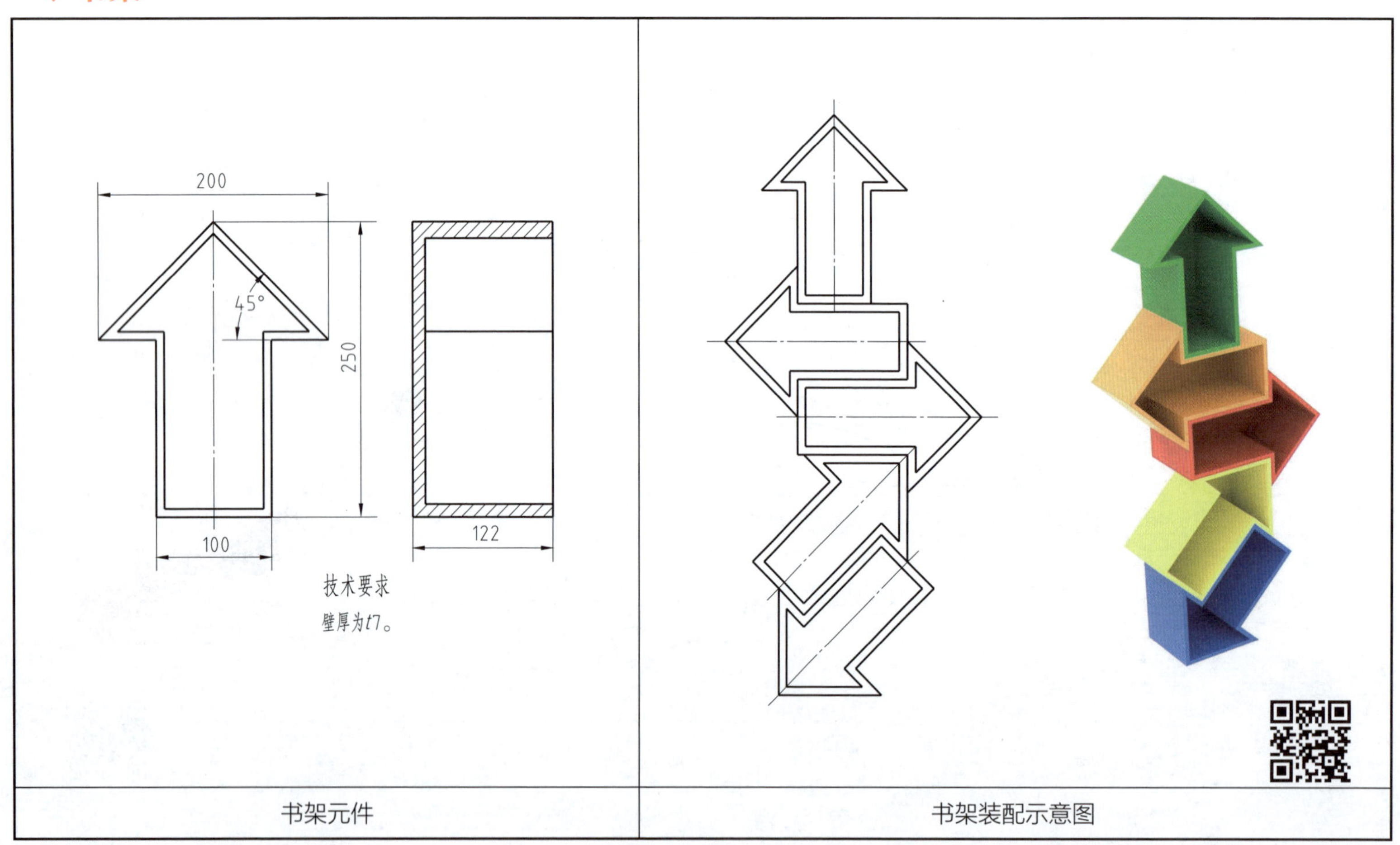

二、陀螺玩具

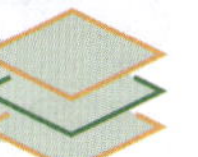

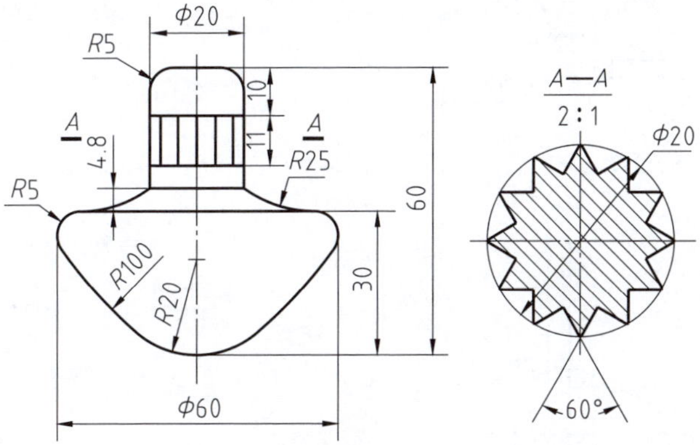
φ20
R5
A
4.8
10
11
A
R25
R5
60
30
R100
R20
φ60
A—A
2∶1
φ20
60°

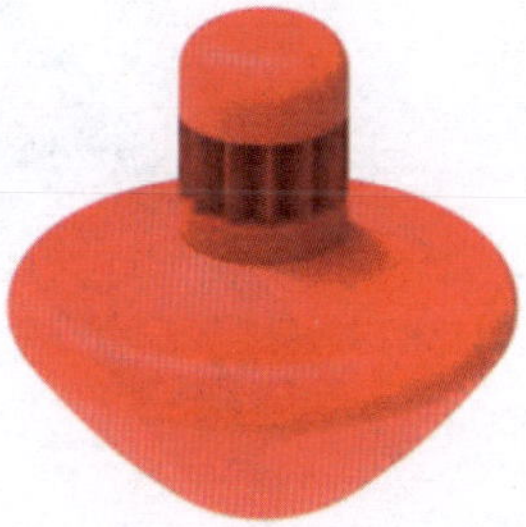

陀螺

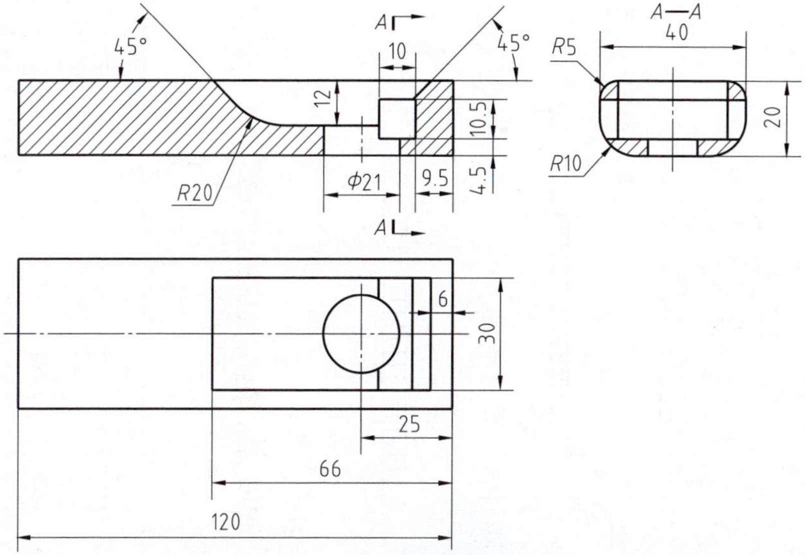
45°
A
10
45°
A—A
40
R5
12
10.5
20
R10
R20
φ21
9.5
4.5
A
6
30
25
66
120

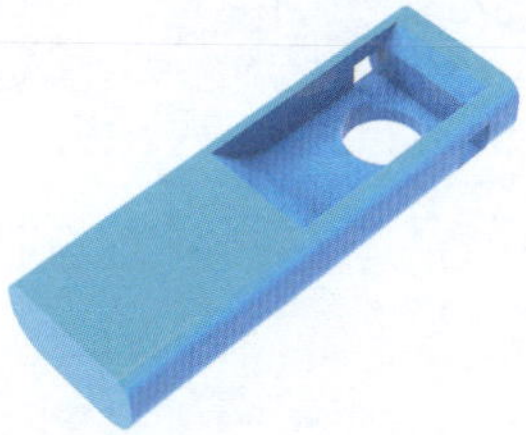

支架

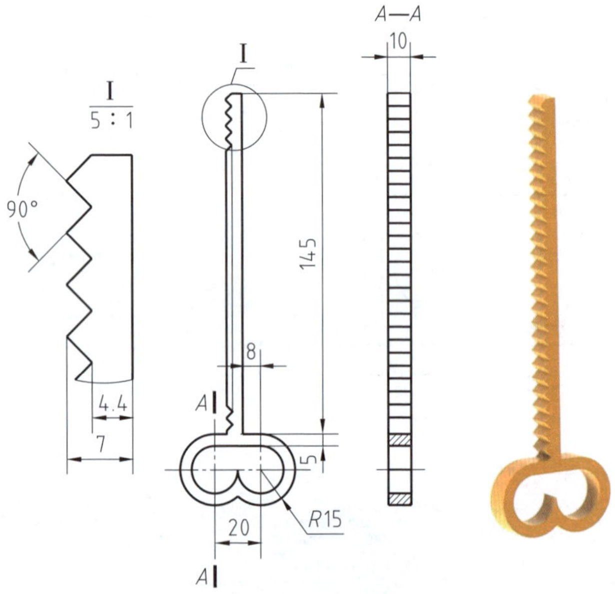

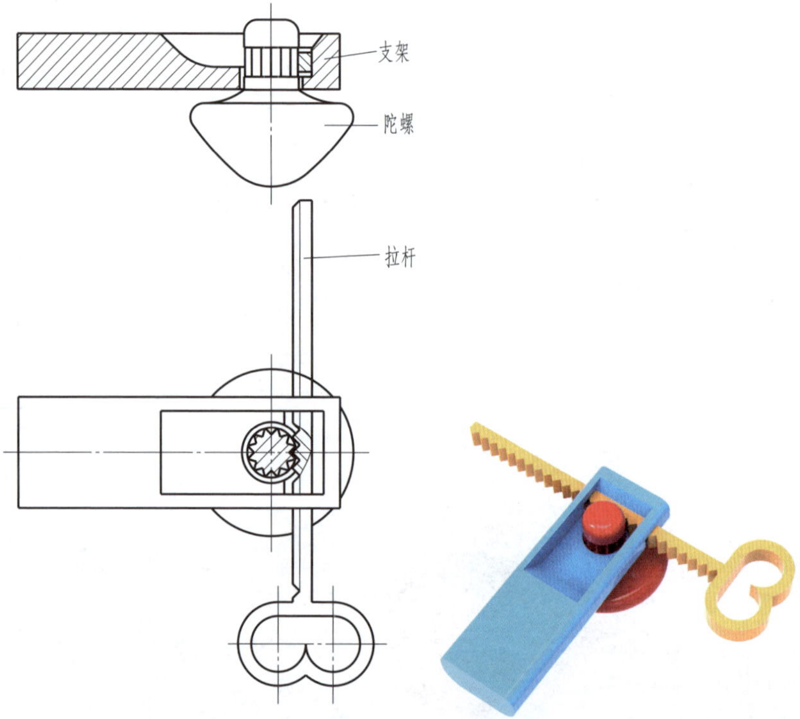

I
5∶1
90°
4.4
7
I
145
8
A
5
R15
20
A
A—A
10

支架
陀螺
拉杆

拉杆	陀螺玩具装配示意图

三、手压泵

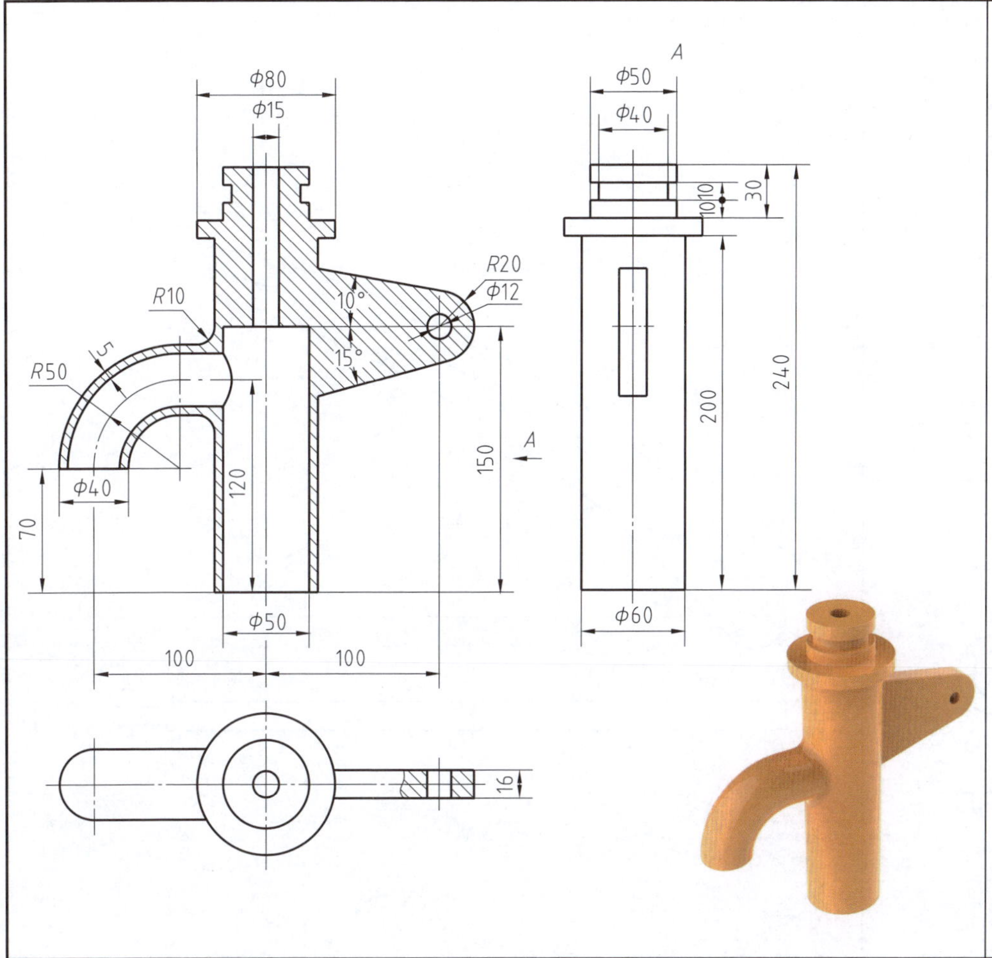

泵体	泵芯

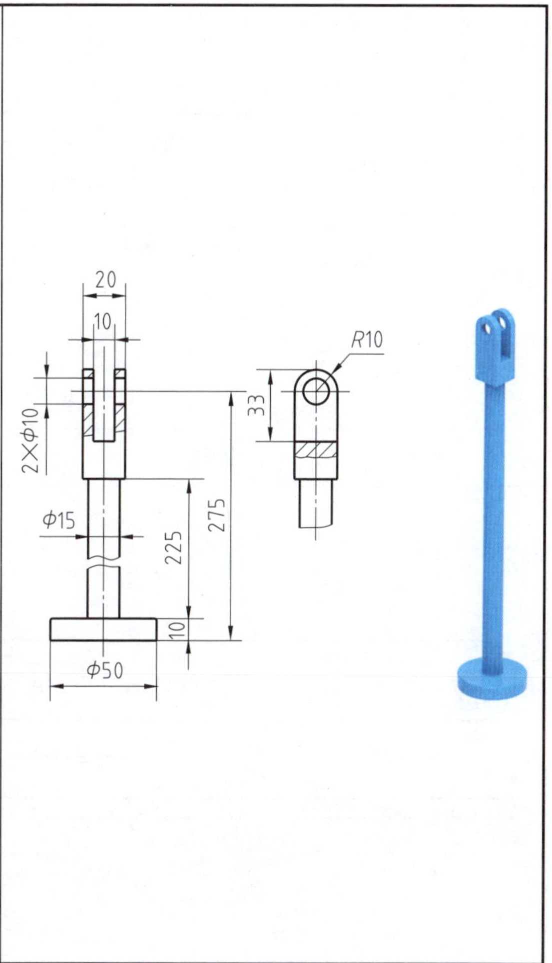

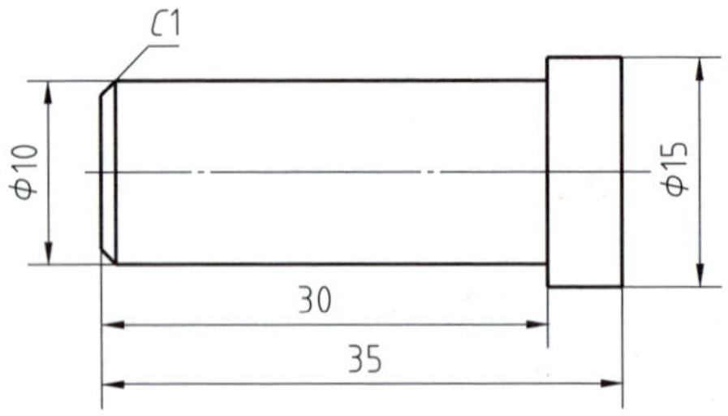

销轴

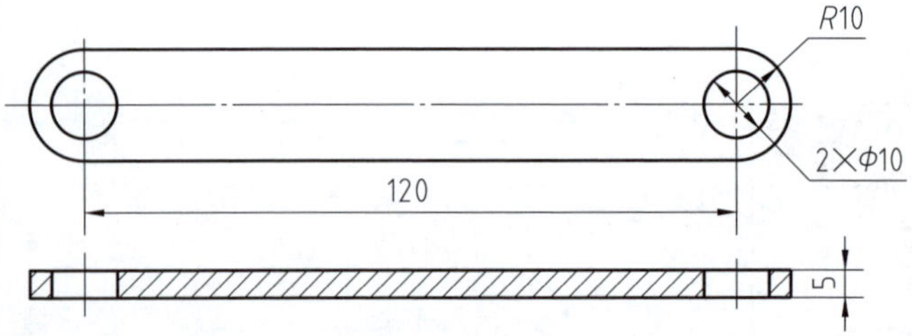

连杆

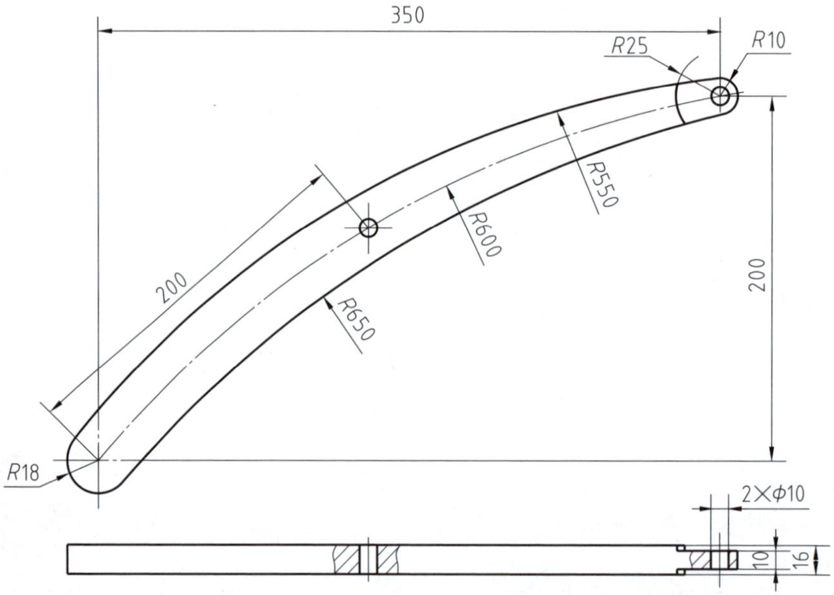

把手

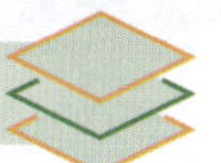

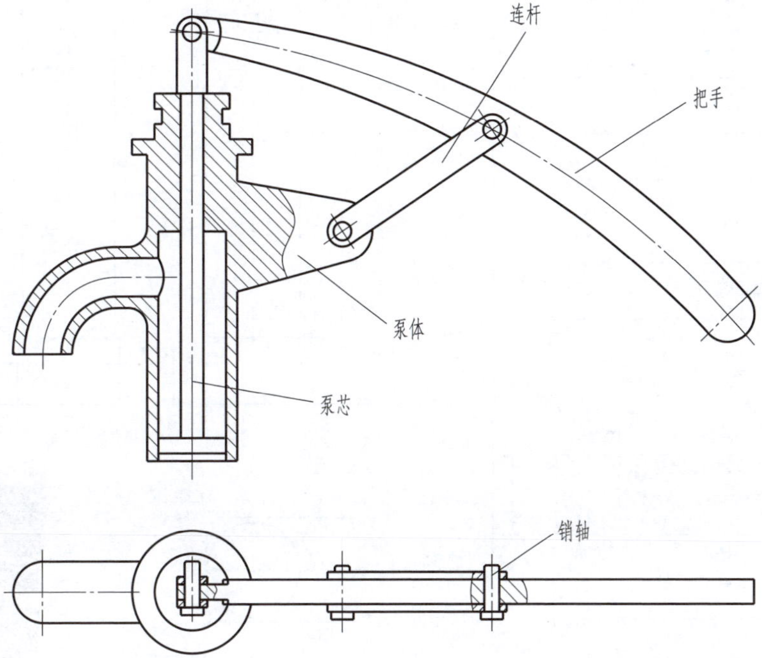

连杆

把手

泵体

泵芯

销轴

手压泵装配示意图

四、单杆体操运动员

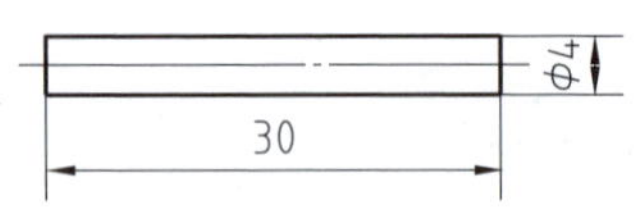

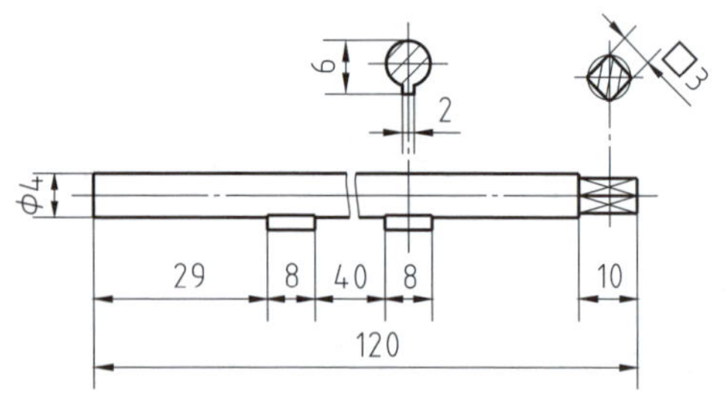

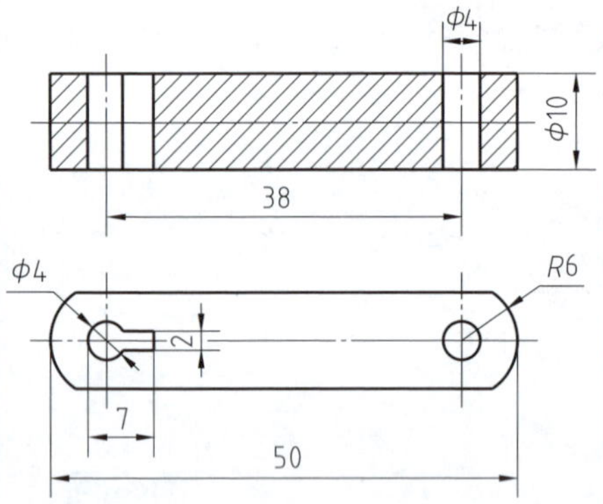

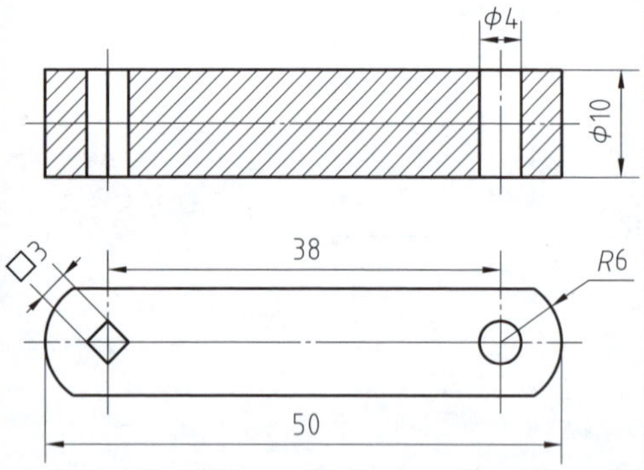

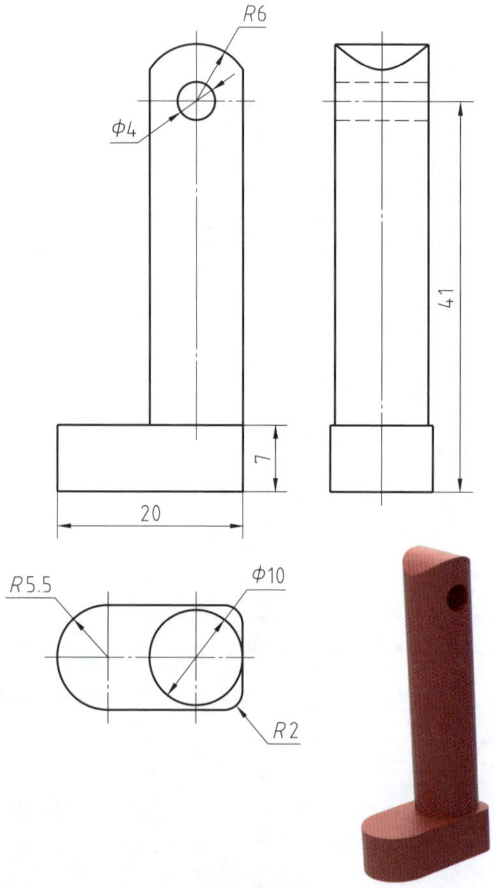

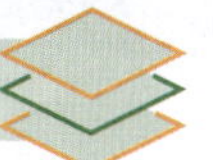

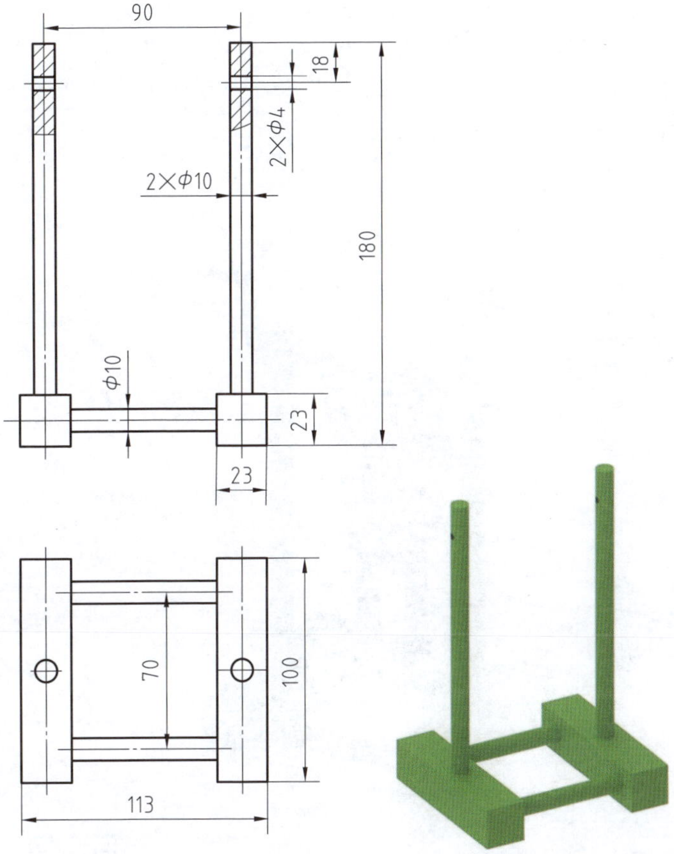
90
18
2×Φ4
2×Φ10
180
Φ10
23
23
70
100
113

底座

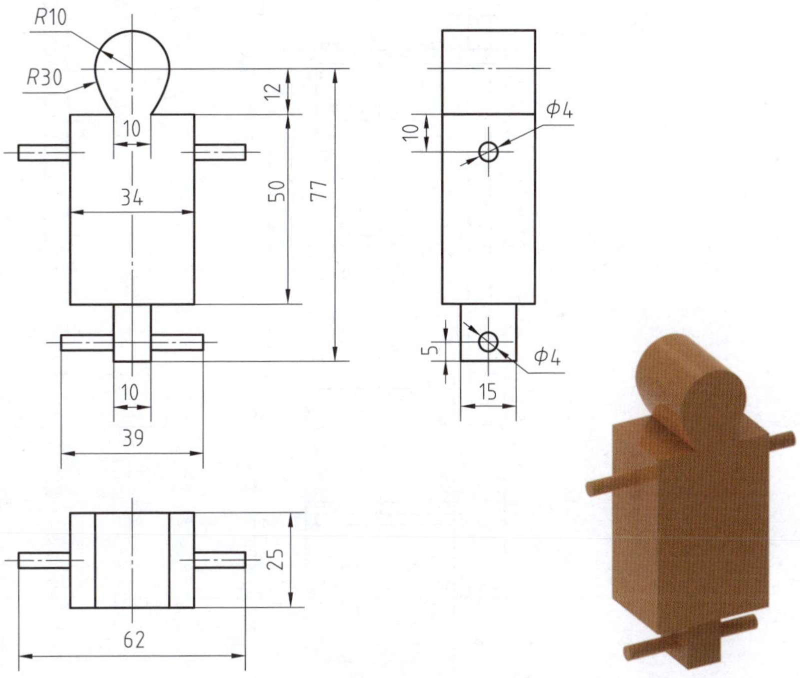
R10
R30
12
10
34
50
77
10
39
25
62
Φ4
10
5
Φ4
15

身体

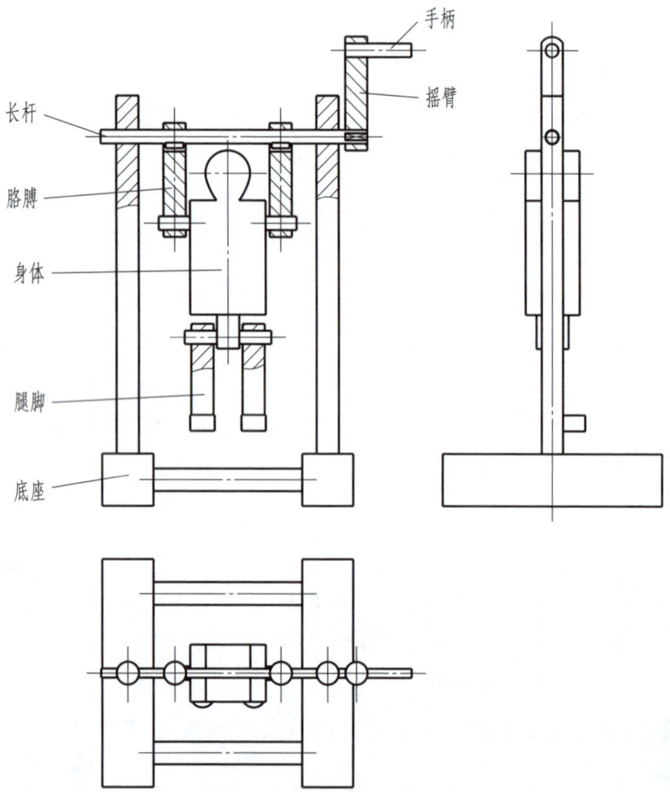

手柄
摇臂
长杆
胳膊
身体
腿脚
底座

单杆体操运动员装配示意图

五、齿轮齿条传动装置

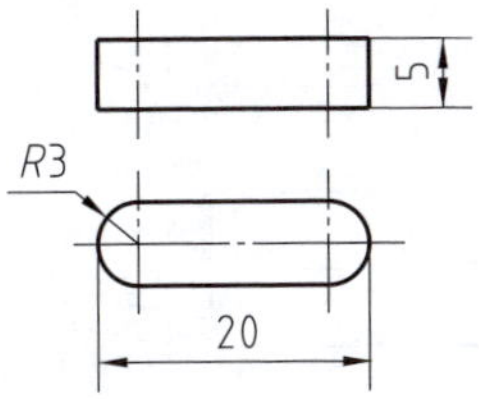

键	摇把	轨道
R3, 5, 20	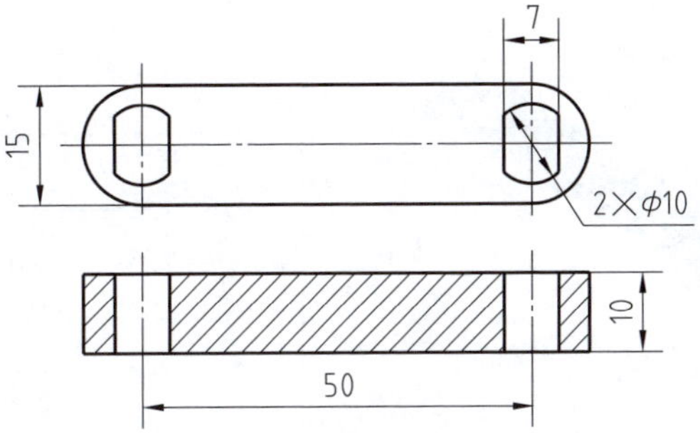 7, 15, 2×φ10, 10, 50	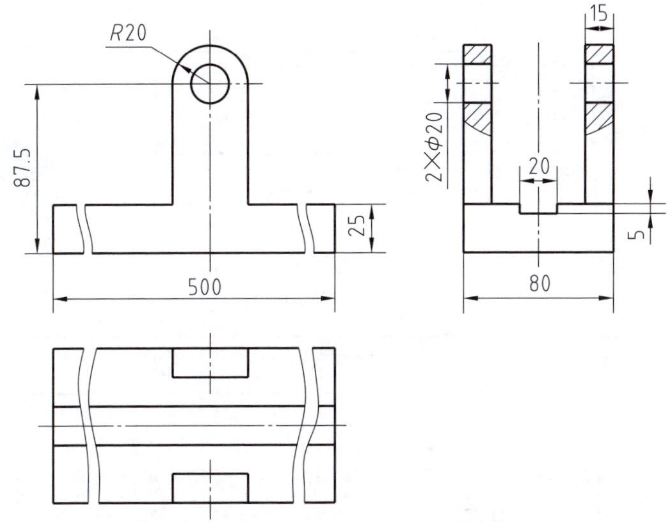 R20, 87.5, 25, 500, 15, 2×φ20, 20, 5, 80

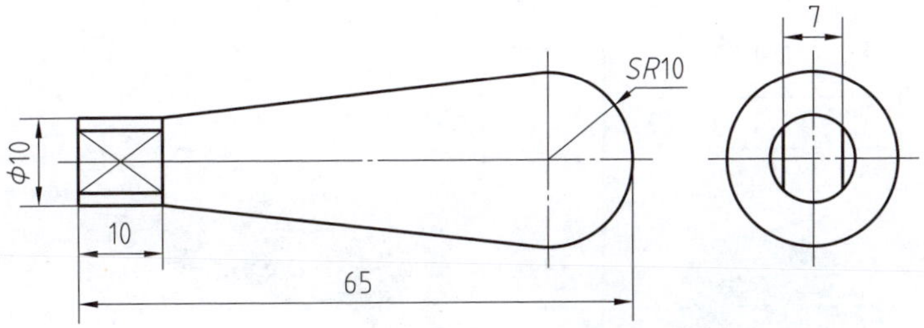

把手	轨道
φ10, 10, 65, SR10, 7	

模数	m	4
齿数	z	23

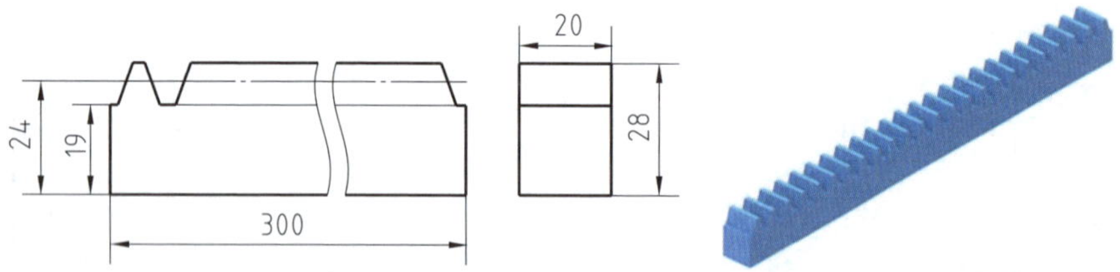

齿条

模数	m	4
齿数	z	22
压力角	α	20°

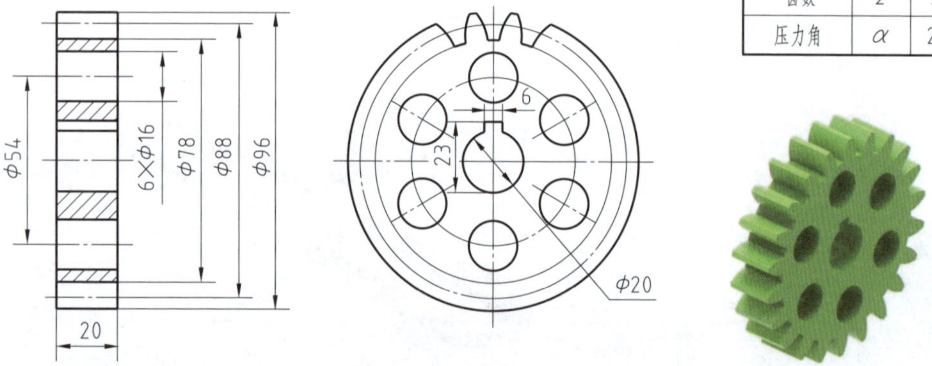

齿轮

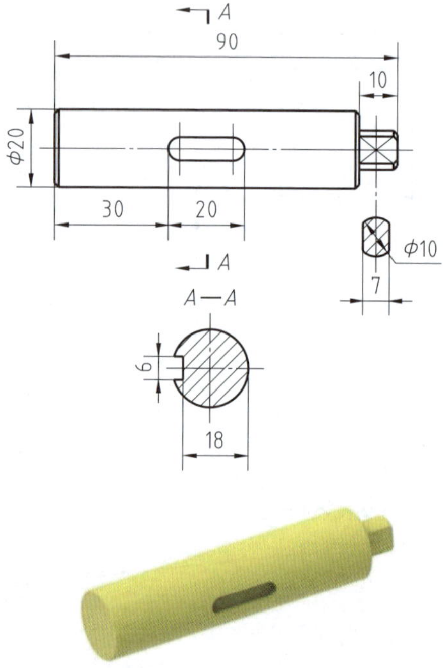

技术要求

未注倒角为C0.5。

轴

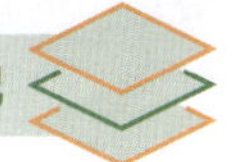

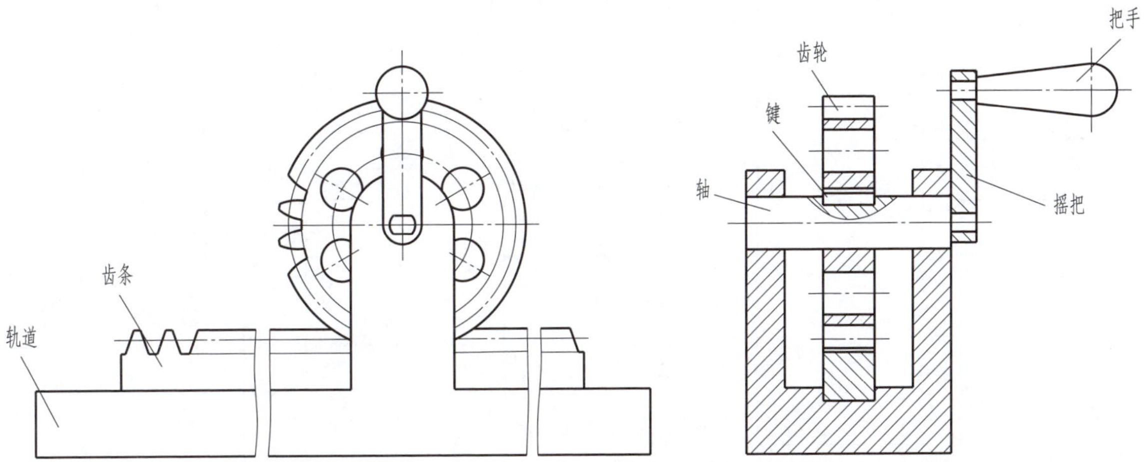

齿条
轨道
齿轮
键
轴
把手
摇把

齿轮齿条传动装置装配示意图

六、凸轮机构

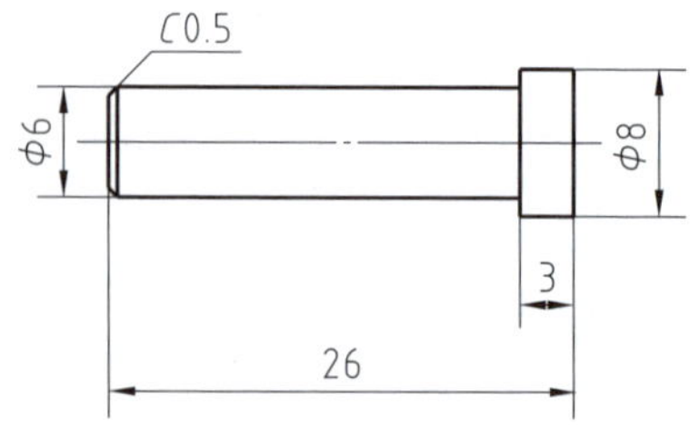

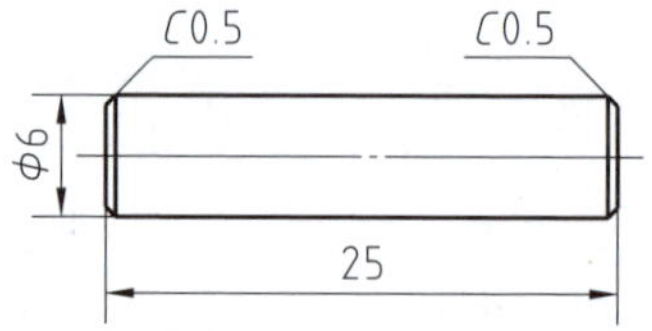

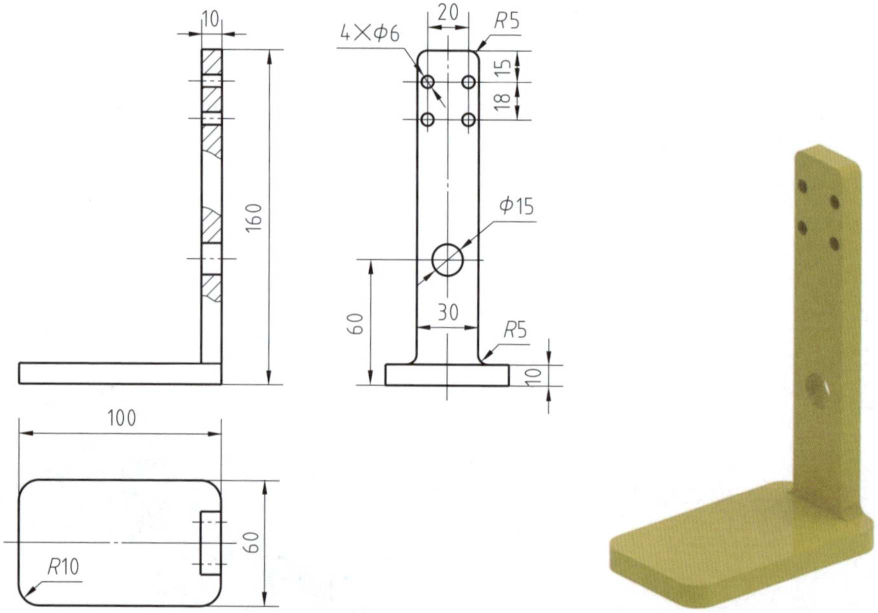

销钉

销

支架

A—A
18
30
20
30
4×Φ6
R2
Φ10
A
A
30
17
15

滑座

A—A
(R40.34)
40
30
50°
45°
27
40°
30
B
B
85°
27
Φ6
B—B
10
20
A
A
5
Φ15
Φ25

凸轮

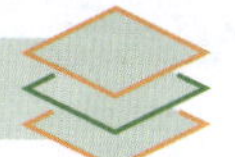

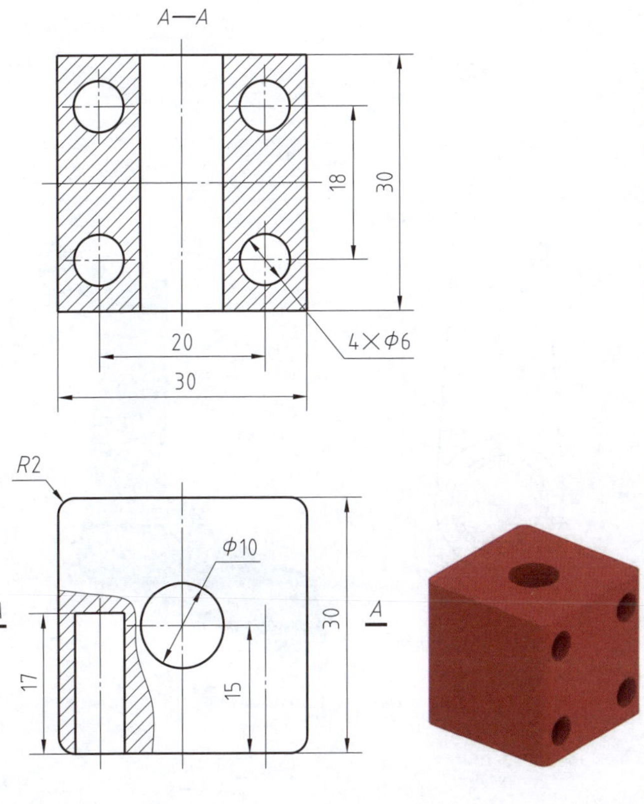

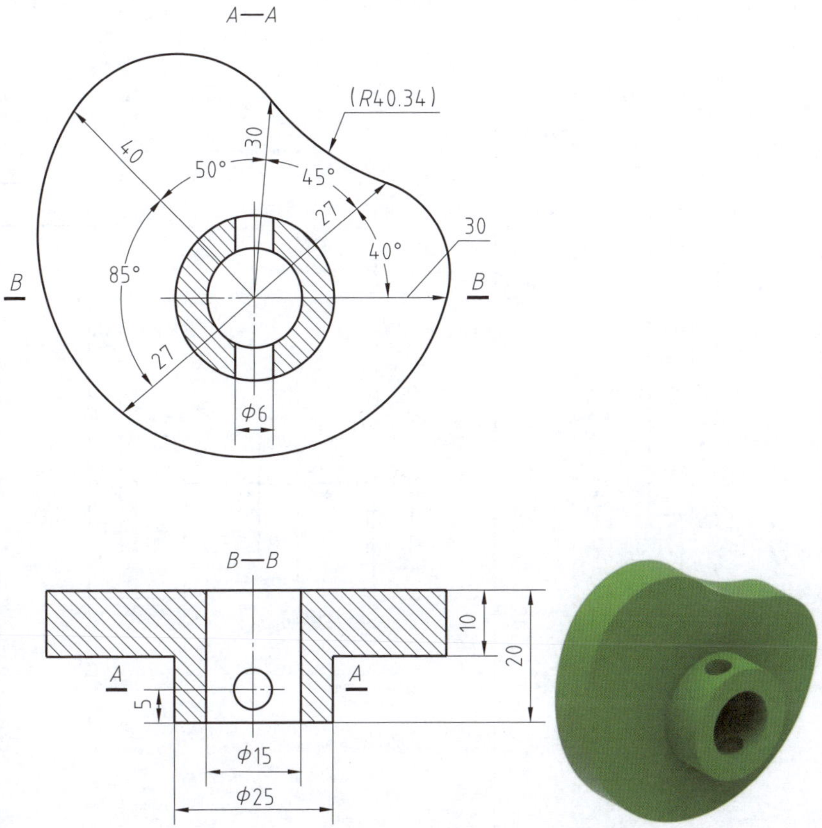

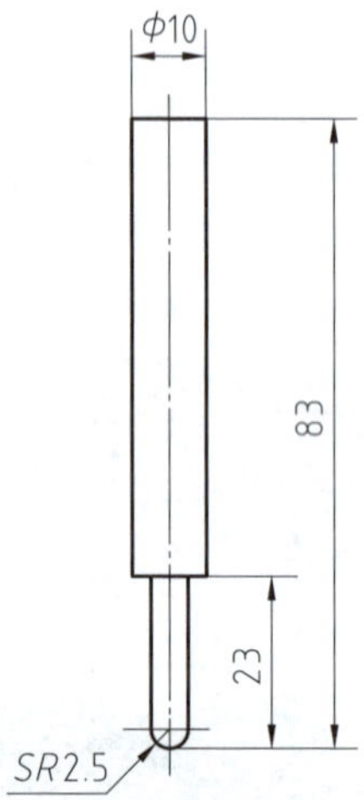

顶针	摇把

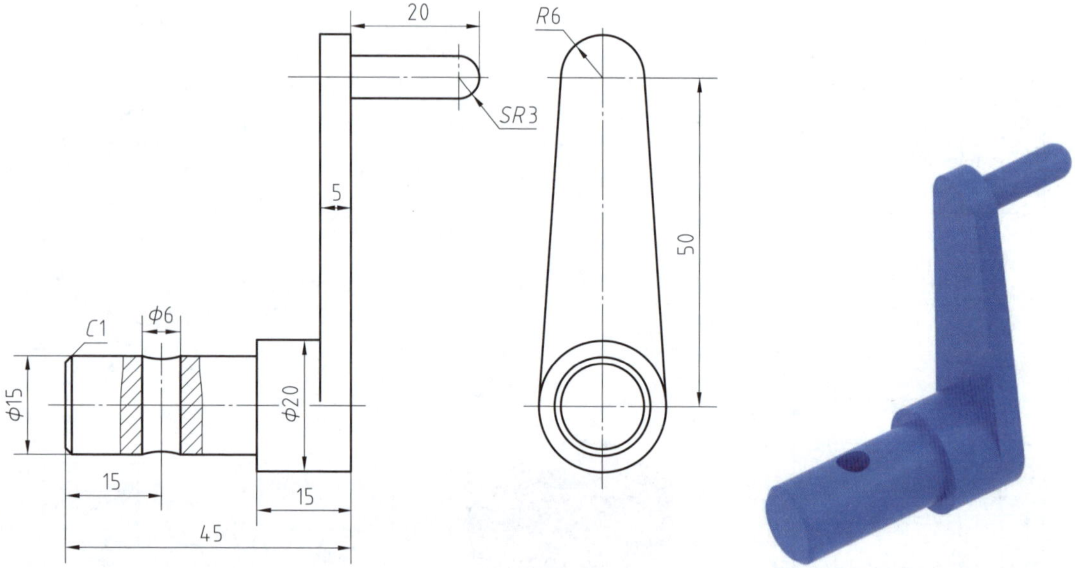

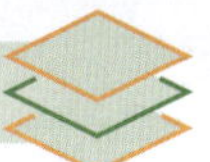

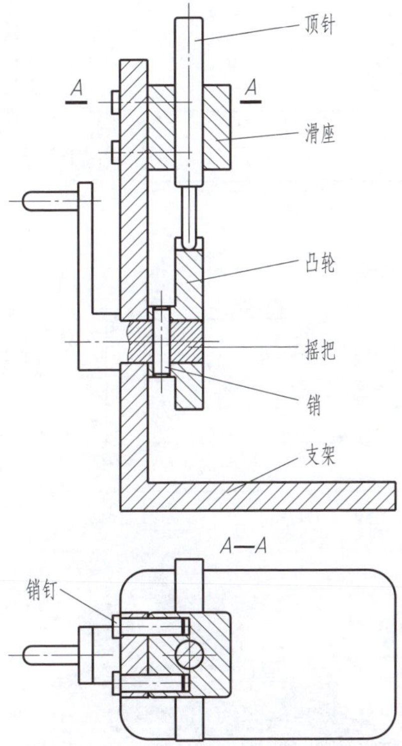

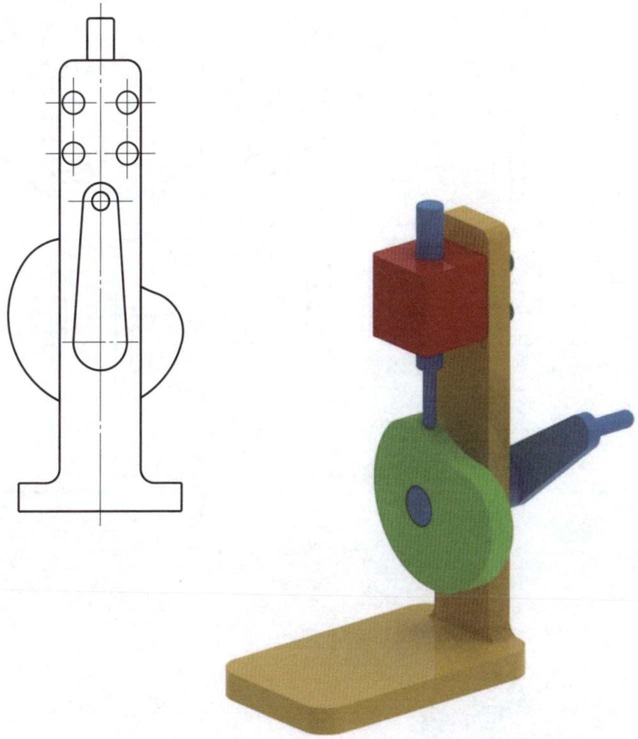

顶针

A　A

滑座

凸轮

摇把

销

支架

A—A

销钉

凸轮机构装配示意图

七、滑块滚轮机构

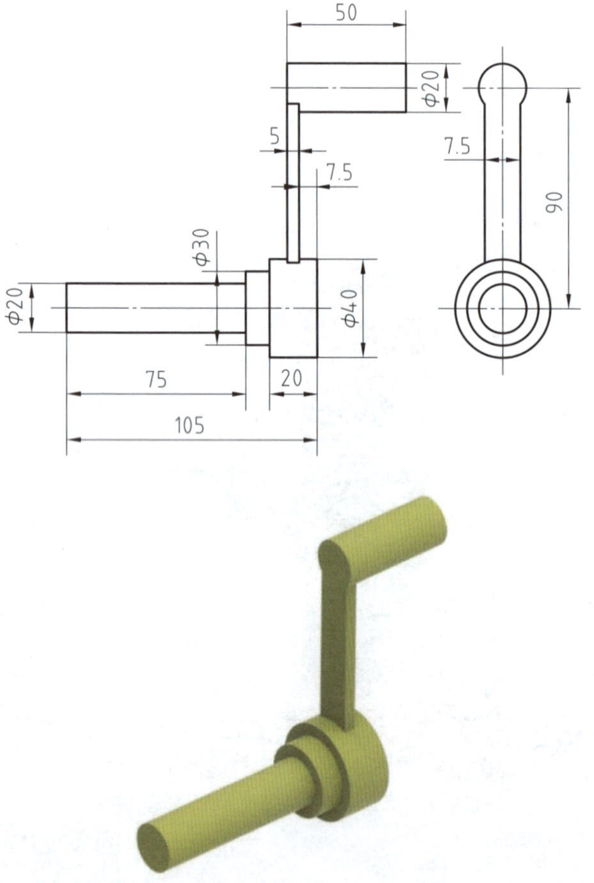

曲柄	底座

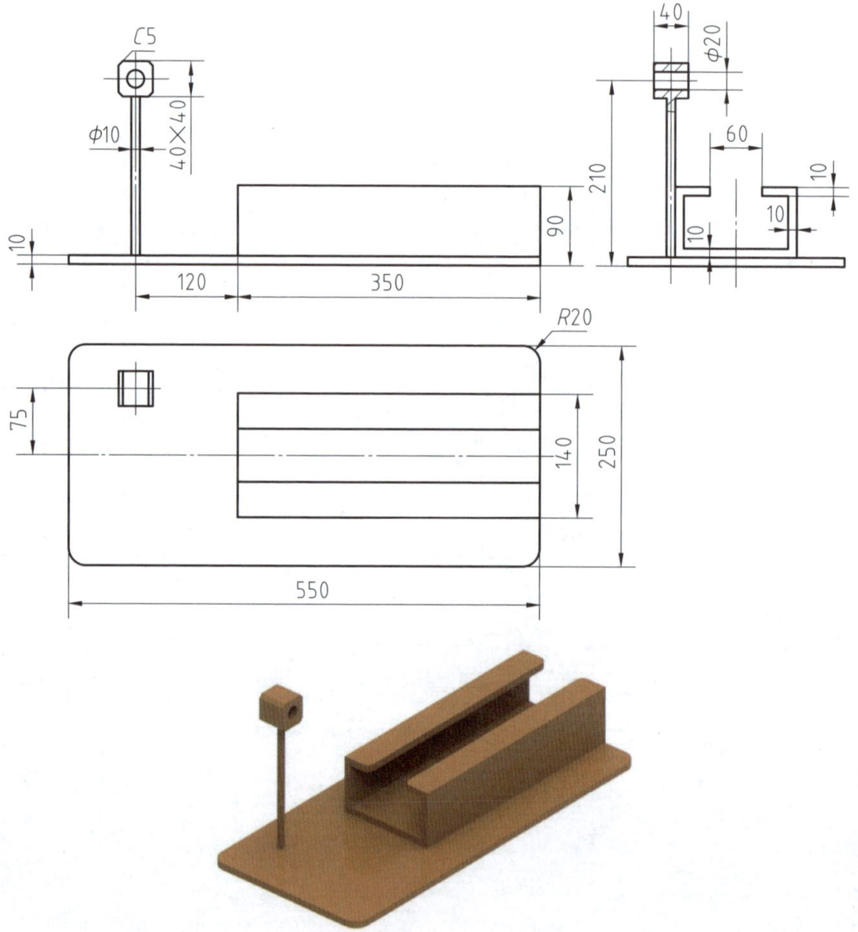

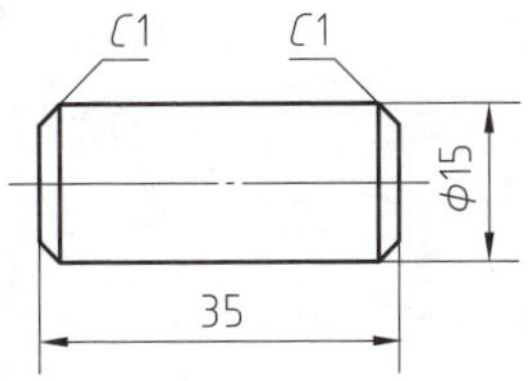

C1
C1
ϕ15
35
销
10 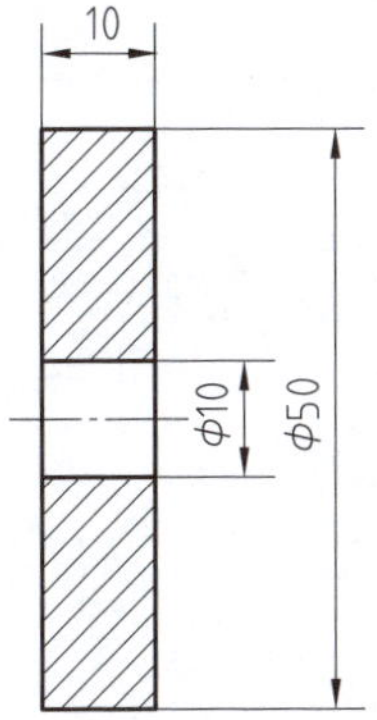
ϕ10
ϕ50
滚轮
25 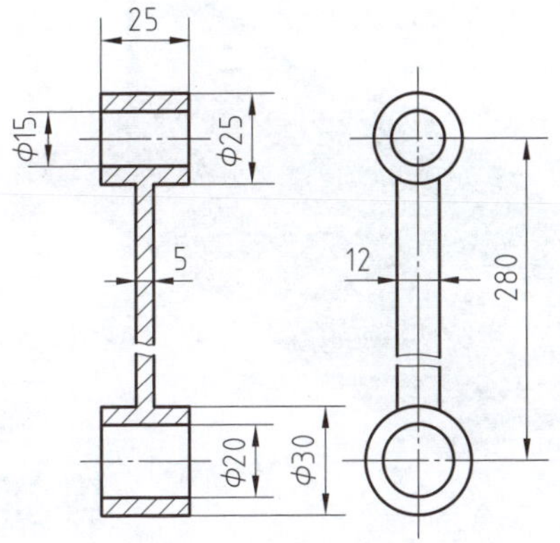
ϕ15
ϕ25
5
ϕ20
ϕ30
12
280
连杆
R12.5 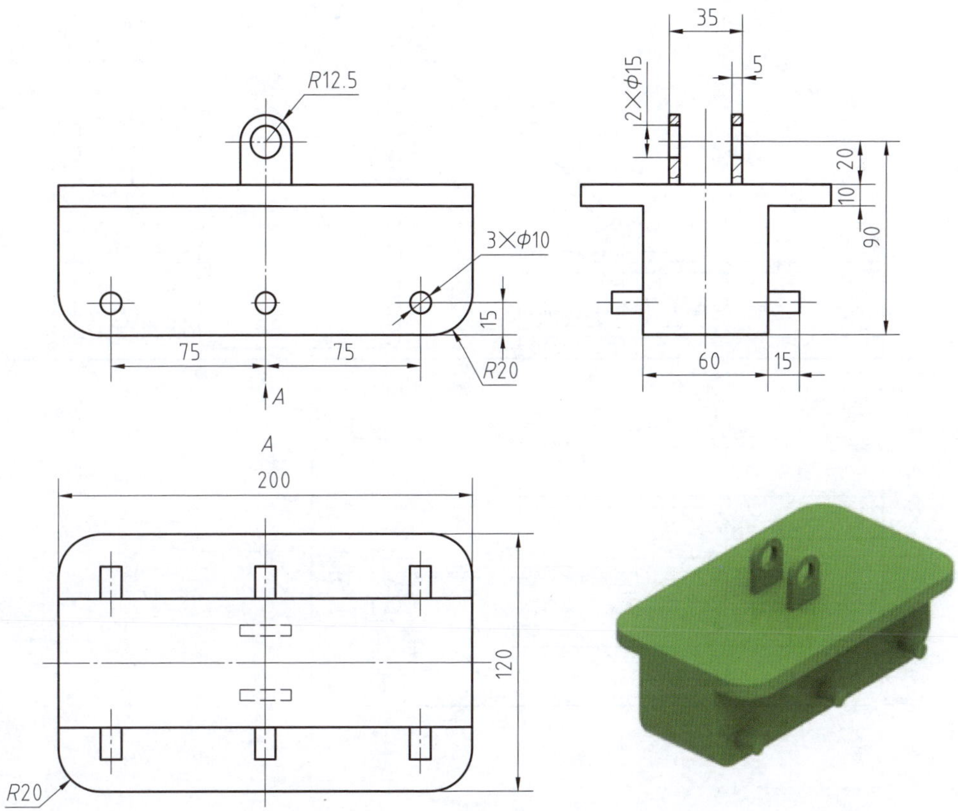
3×ϕ10
15
75
75
R20
A
35
5
2×ϕ15
20
10
90
60
15
A
200
120
R20
滑块

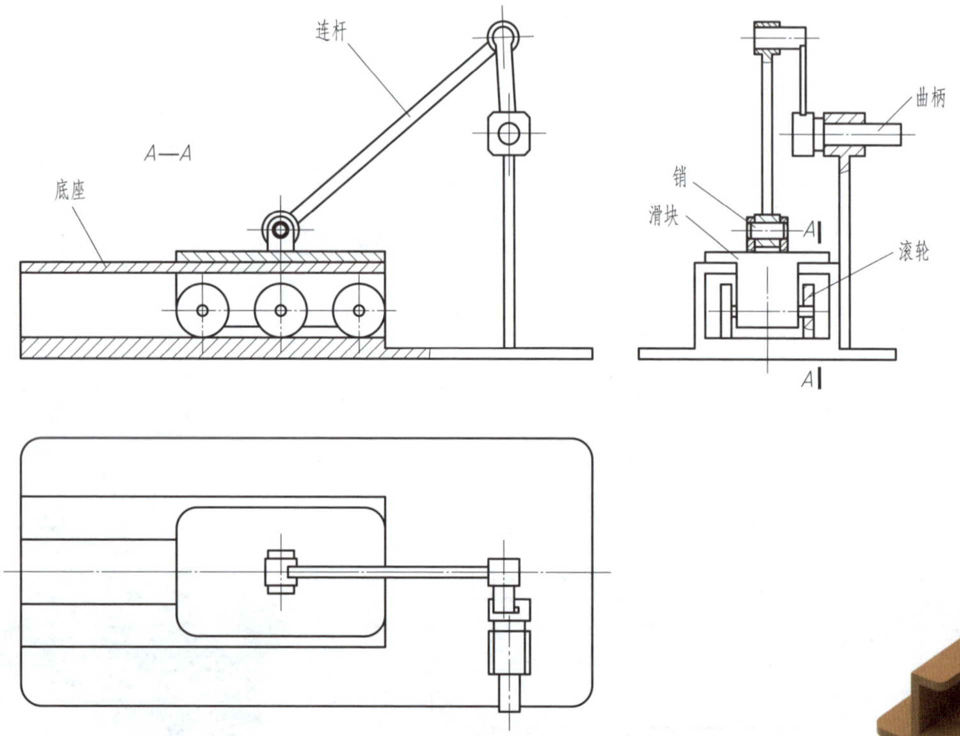

连杆

A—A

底座

曲柄

销

滑块

A

滚轮

A

滑块滚轮机构装配示意图

八、手摇摩天轮

74
R20
4×R20
10
10
80
18
10
120
180
R10
R4
ϕ10
10
138
3
R10
5
23
2×ϕ6
190
支架

120
90
15
10
ϕ15
12×ϕ6
5
ϕ25
10
ϕ10
ϕ5
ϕ5
40
6×6
ϕ140
轮

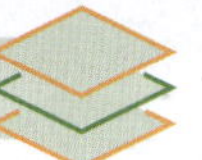

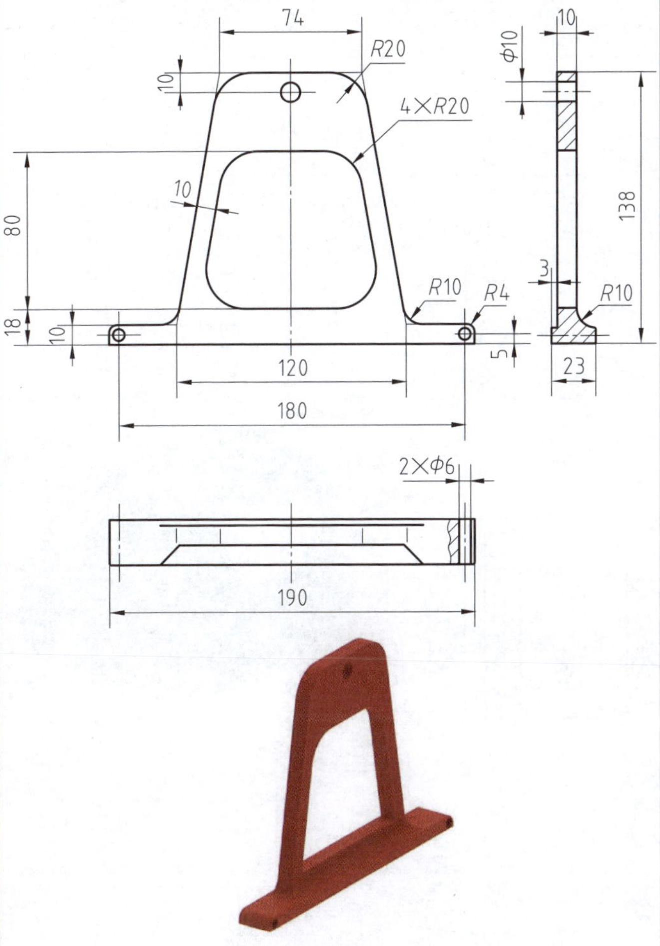

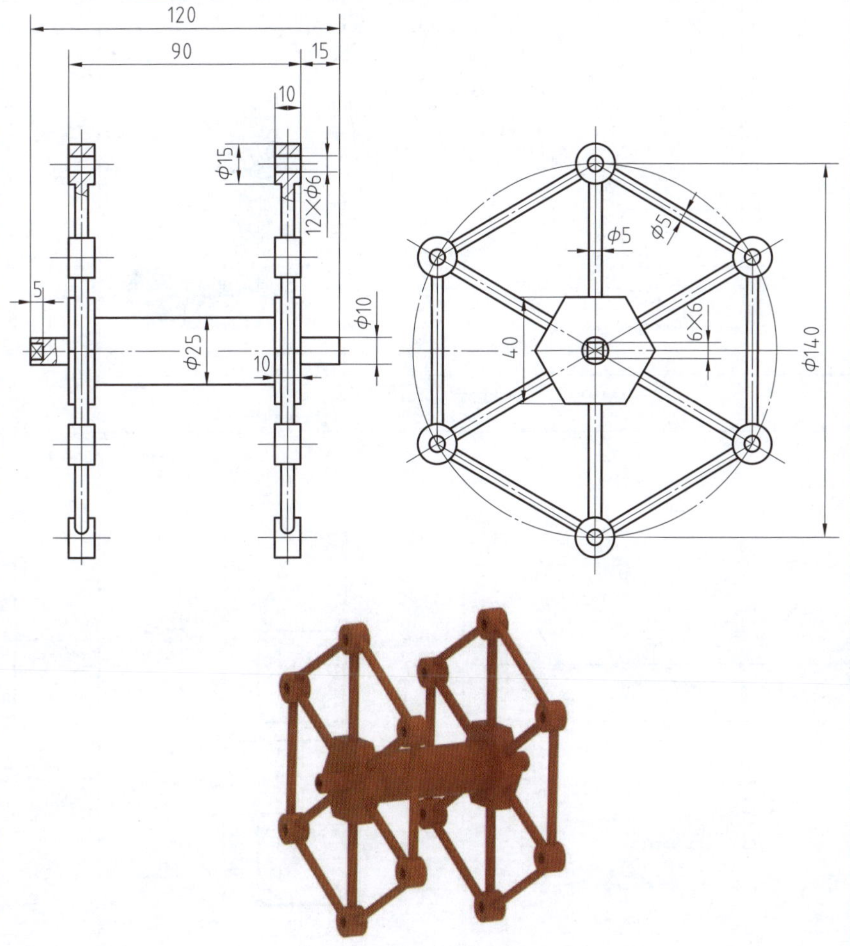

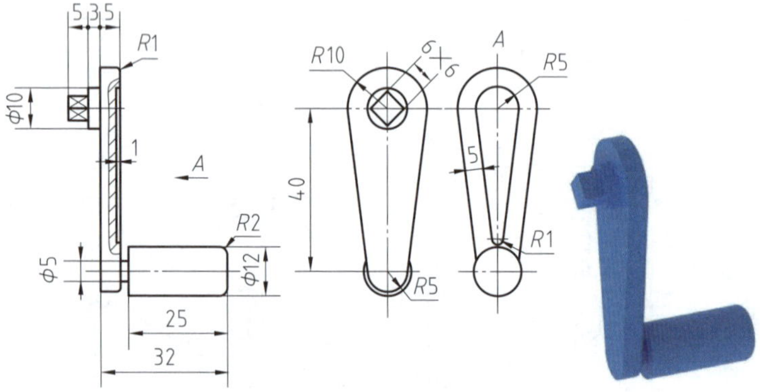

把手

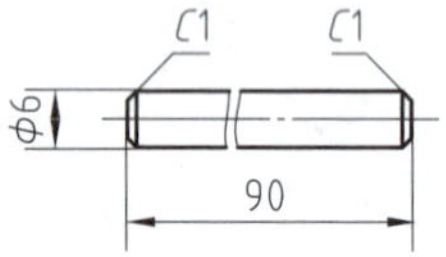

座椅轴

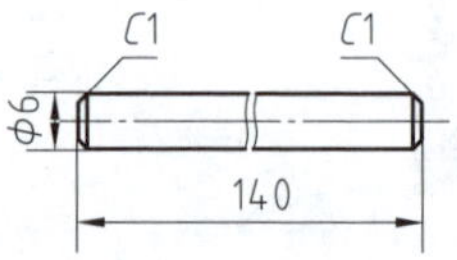

底盘轴

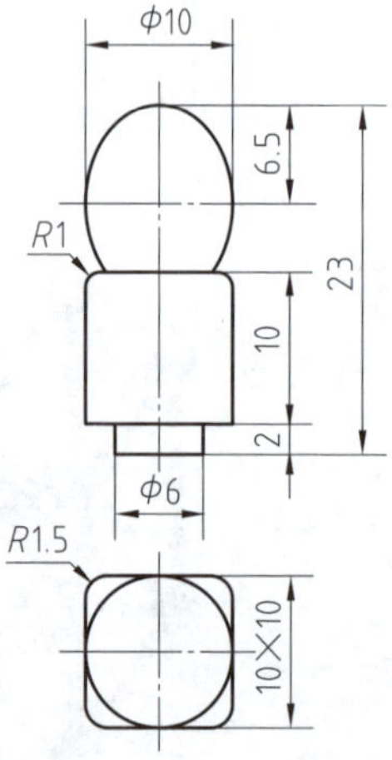

人物

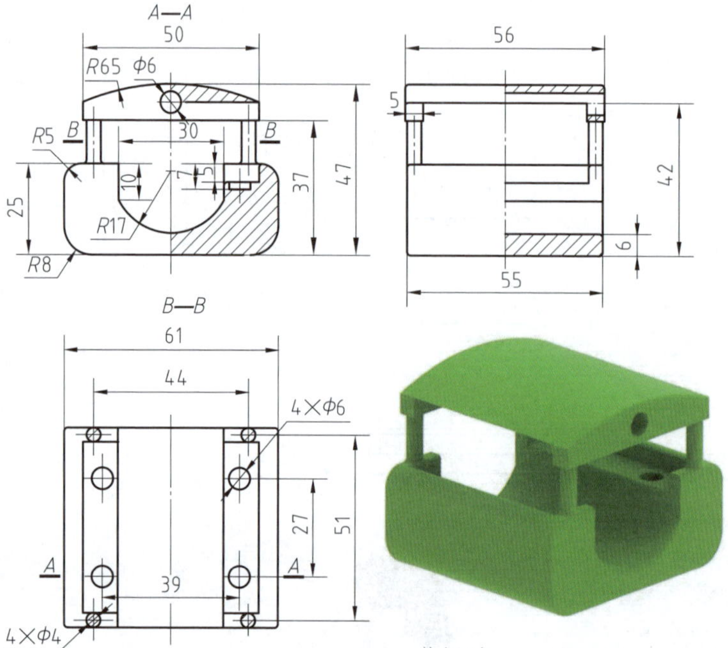

技术要求
未注圆角为R1。

座椅

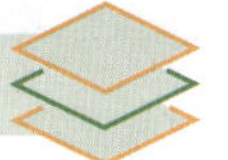

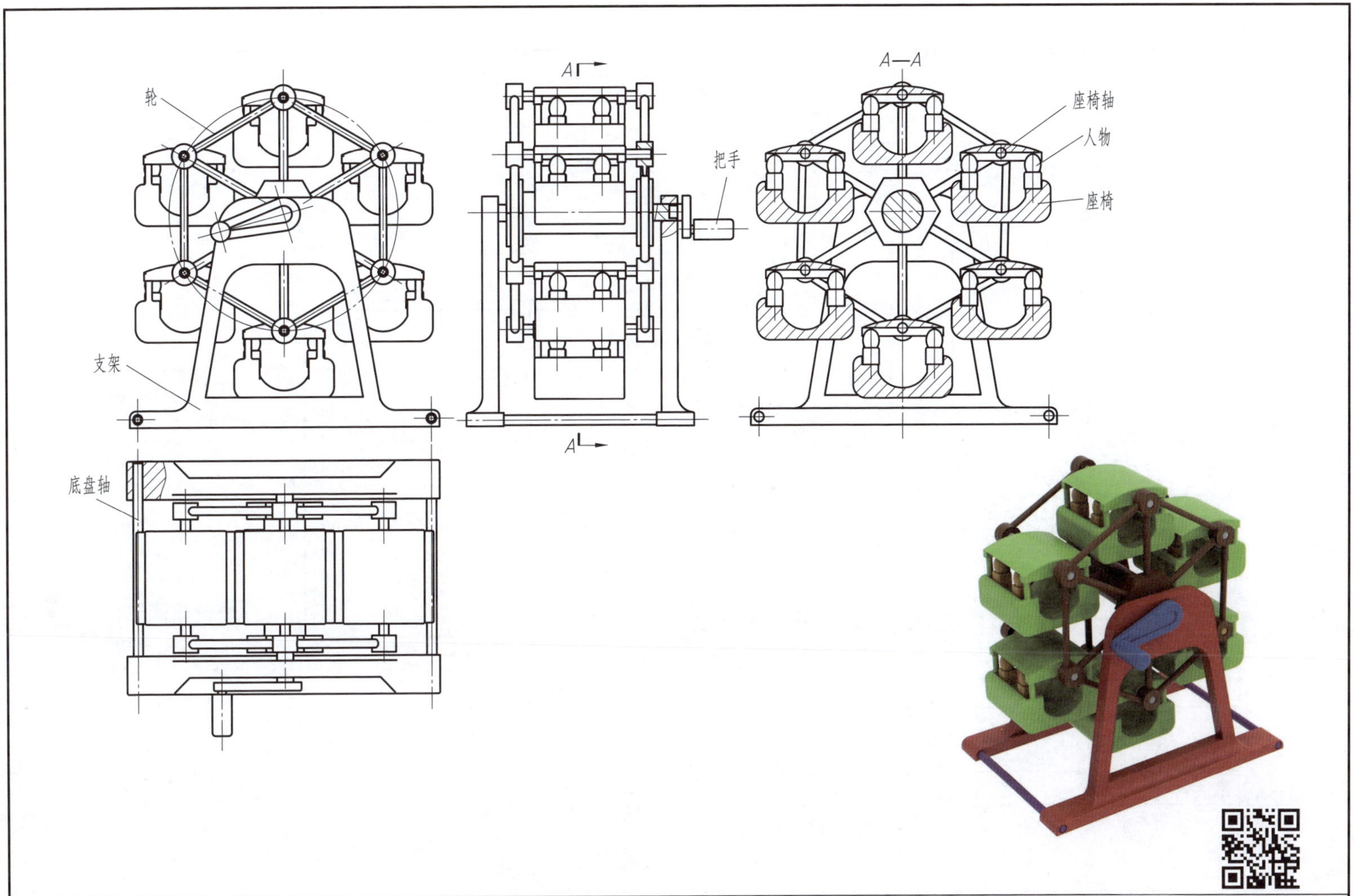

A—A

轮

A

把手

座椅轴

人物

座椅

支架

A

底盘轴

手摇摩天轮装配示意图

九、弹出玩具

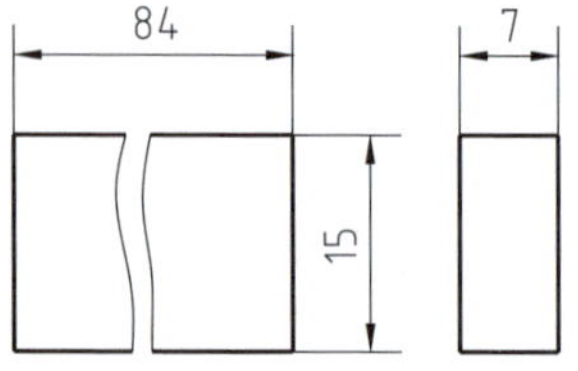

底板	箱体侧面板 1	箱体侧面板 2	钢丝
轴			

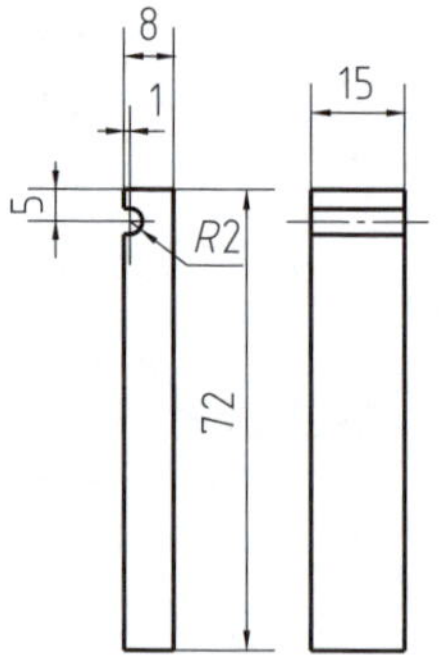

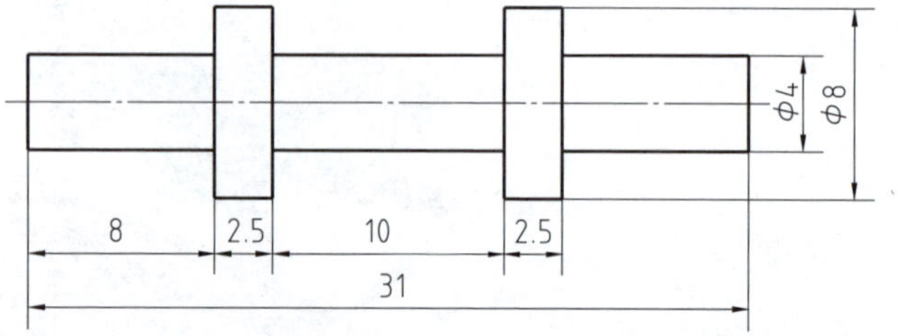

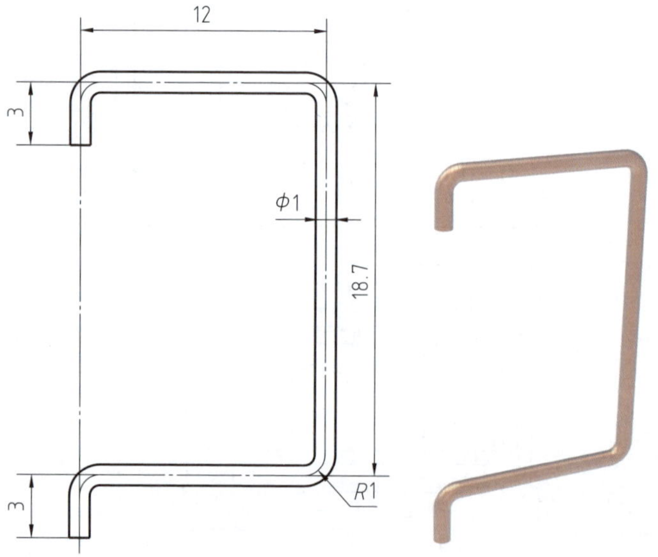

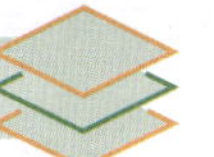

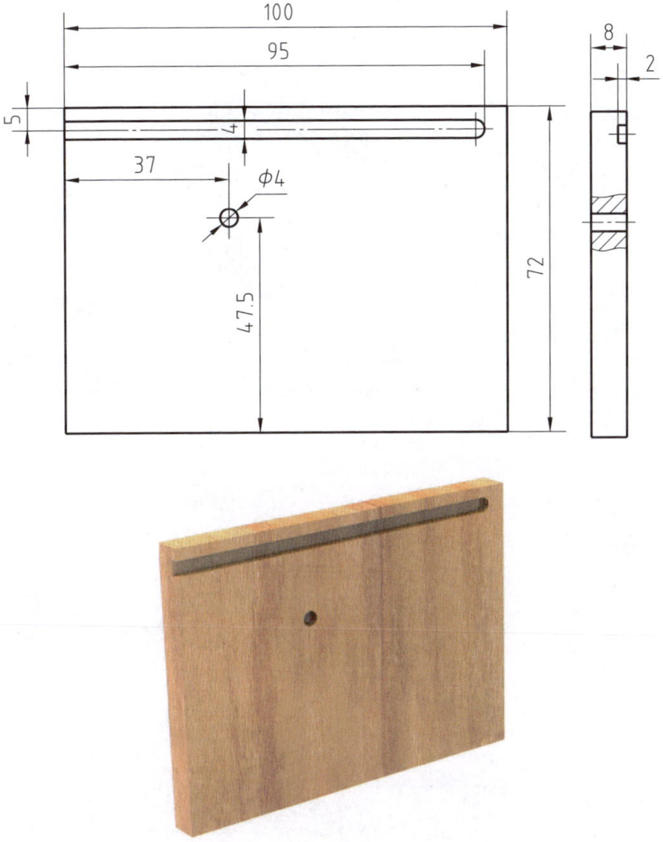

箱体正面板 1

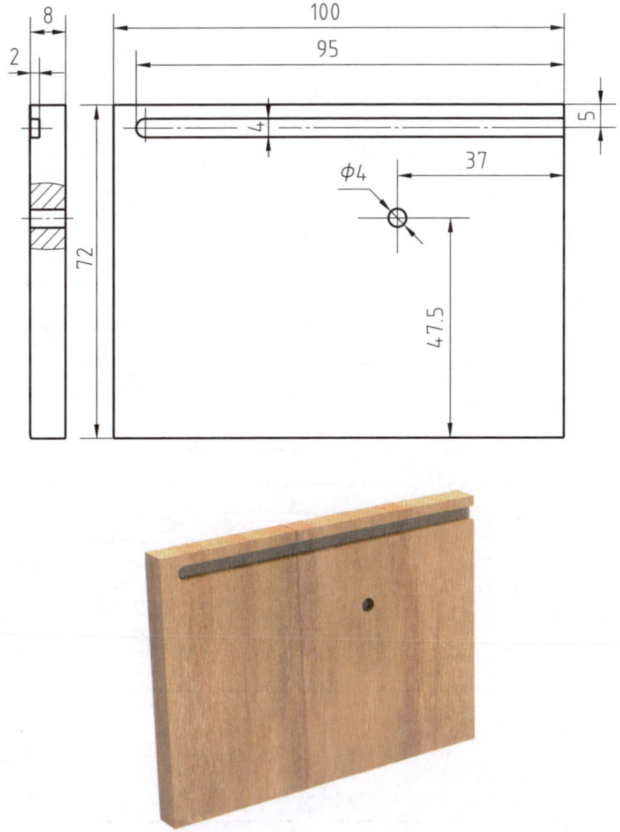

箱体正面板 2

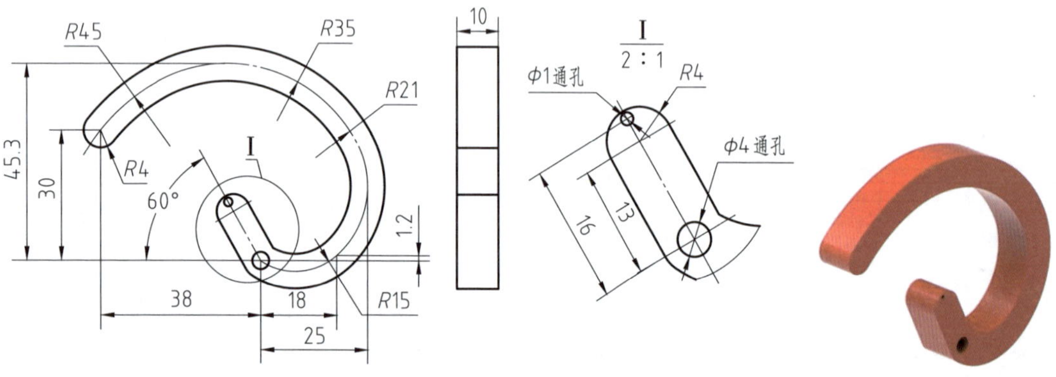

R45
R35
R21
I
R4
60°
45.3
30
1.2
38
18
R15
25
10
I
2∶1
φ1通孔
R4
φ4通孔
16
13

弹出件

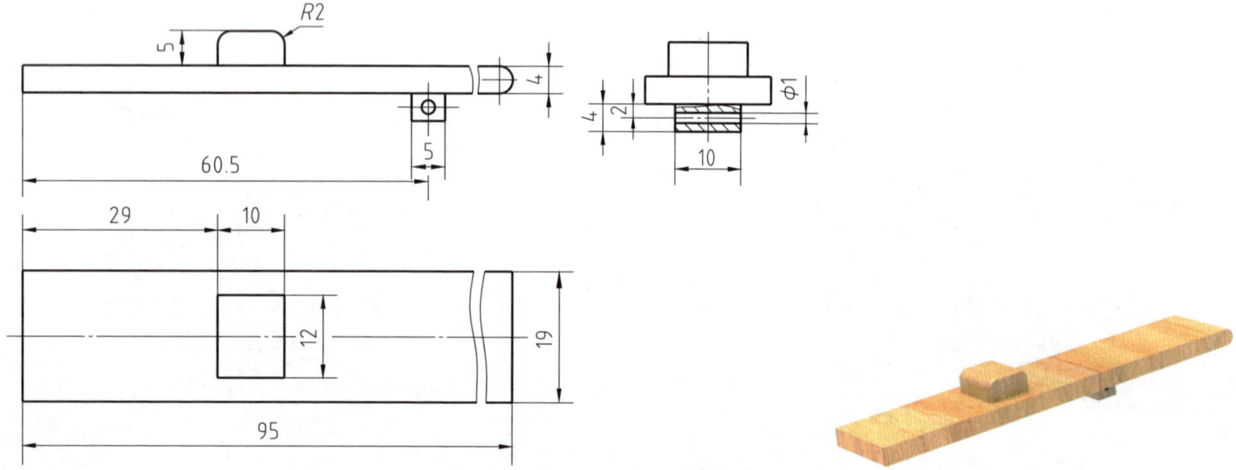

R2
5
4
60.5
5
φ1
4
2
10
29
10
12
19
95

顶盖

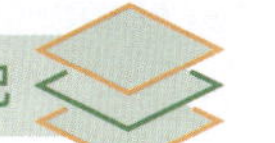

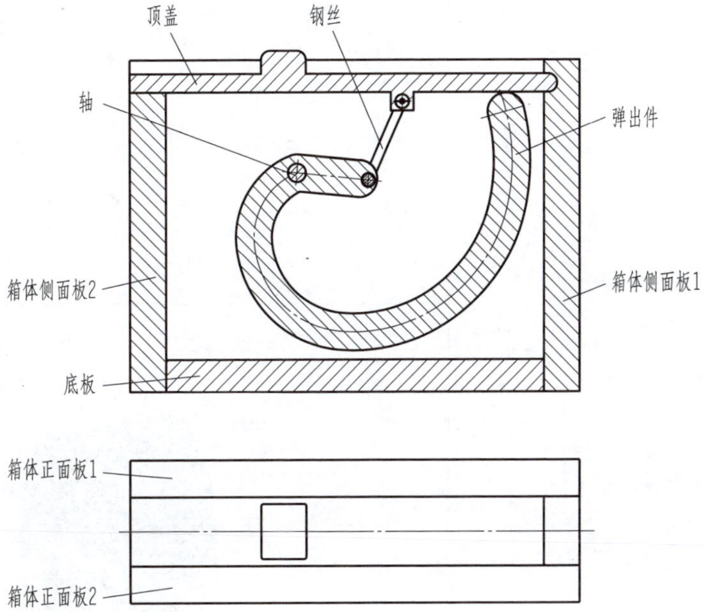

顶盖

钢丝

轴

弹出件

箱体侧面板2

箱体侧面板1

底板

箱体正面板1

箱体正面板2

技术要求

箱体正面板1、箱体正面板2、箱体侧面板1、箱体侧面板2、底板等之间的连接采用胶粘接。

弹出玩具装配示意图

十、螺旋夹紧机构

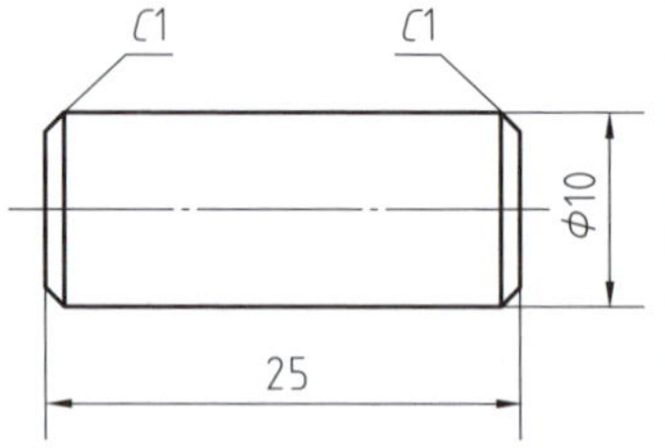

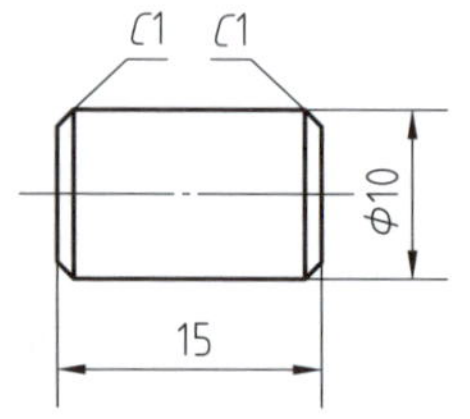

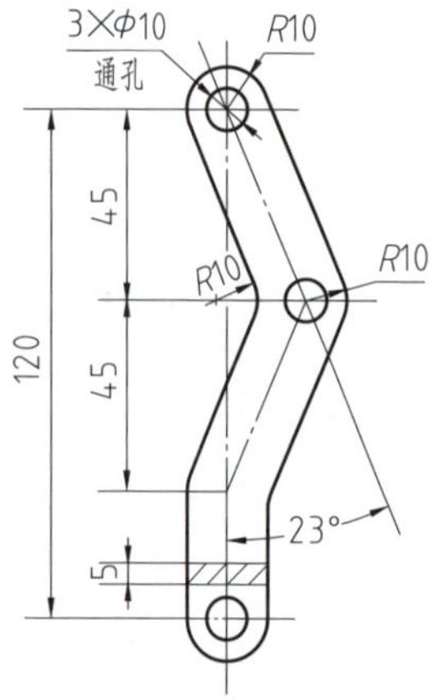

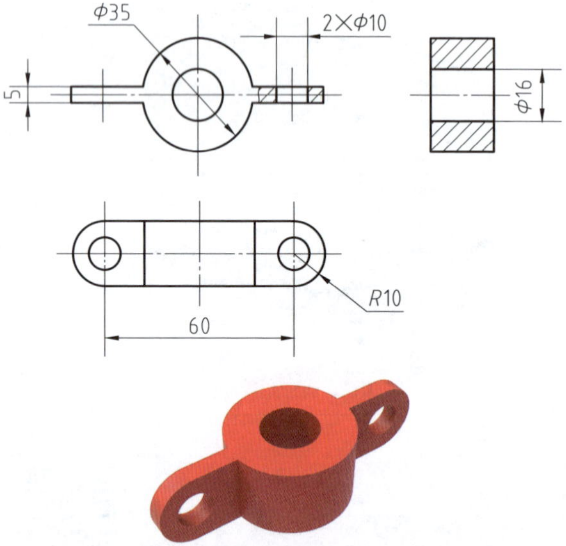

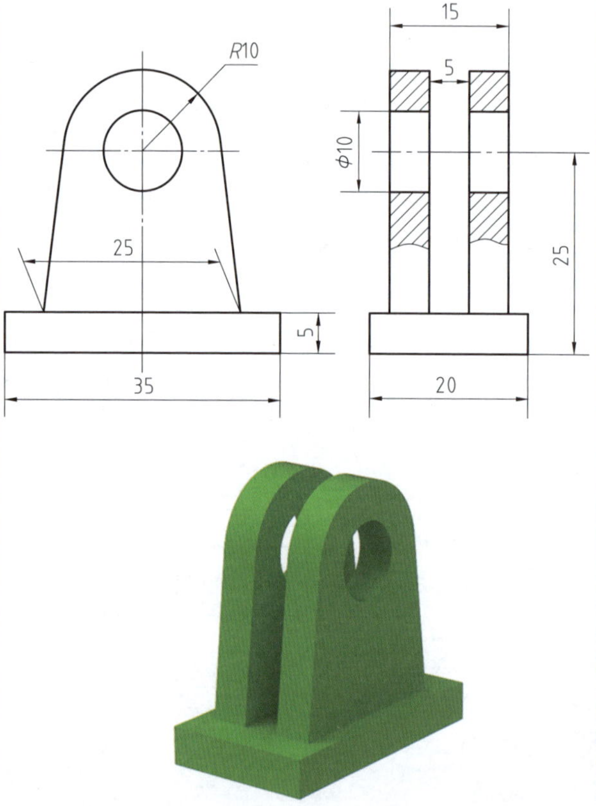

R10
65
5
2×Φ10

连杆 2

R10
M16
44
2×Φ10
5
25
70

支座

112
Φ35
SR4
Φ25
15
185
177.5
140
80
M16
C3

螺杆

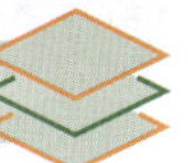

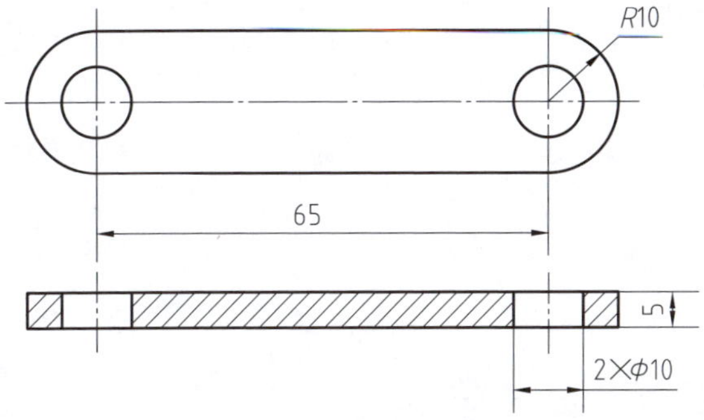

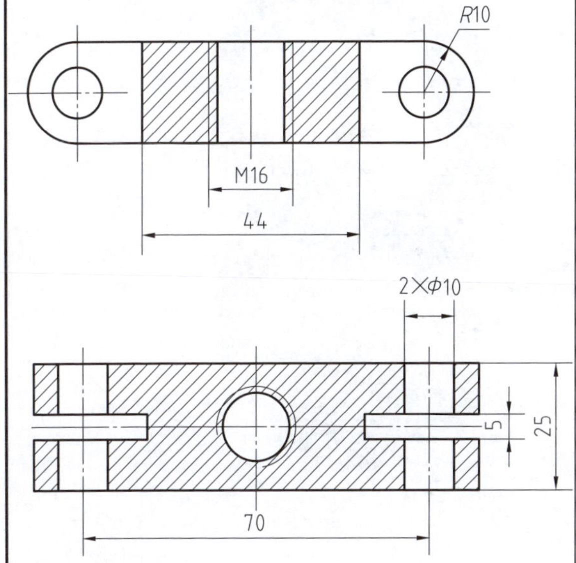

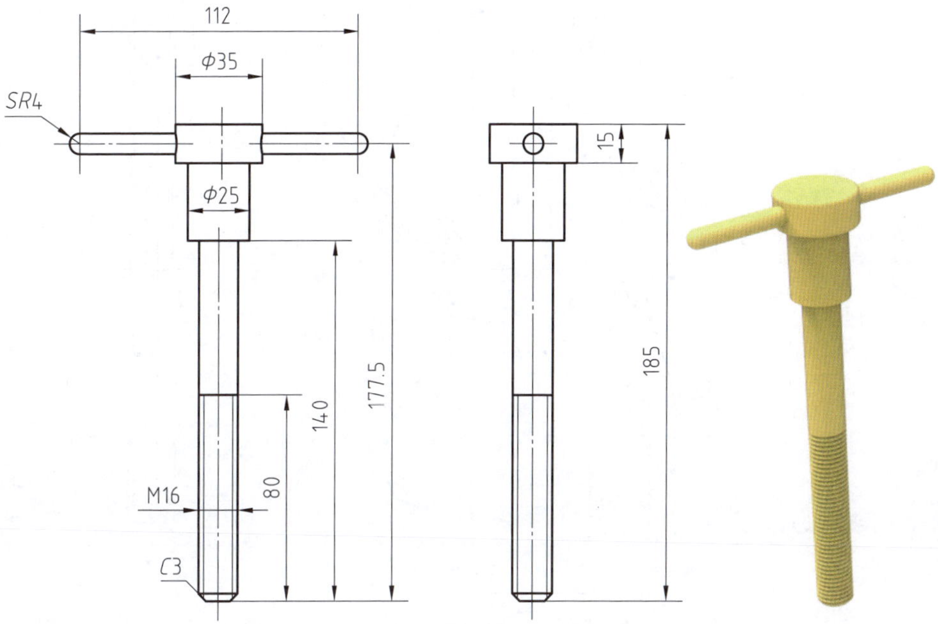

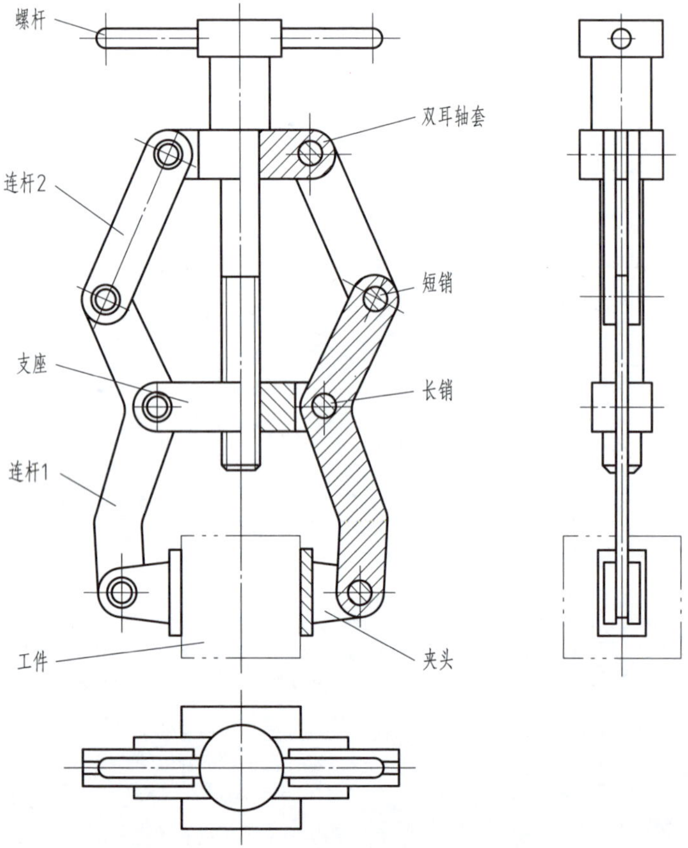

螺旋夹紧机构装配示意图

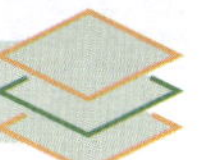

十一、连杆运动机构

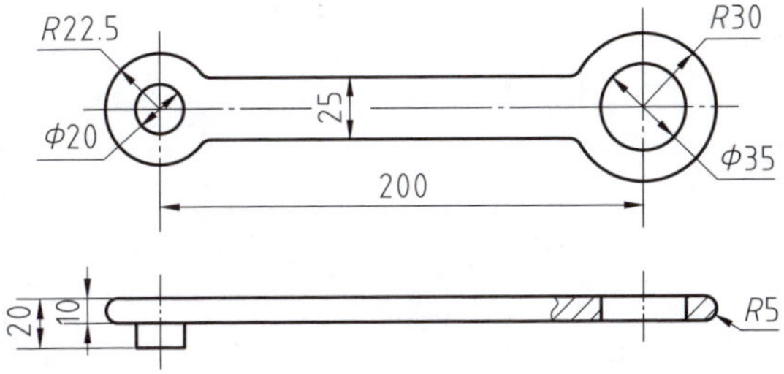

连杆 1

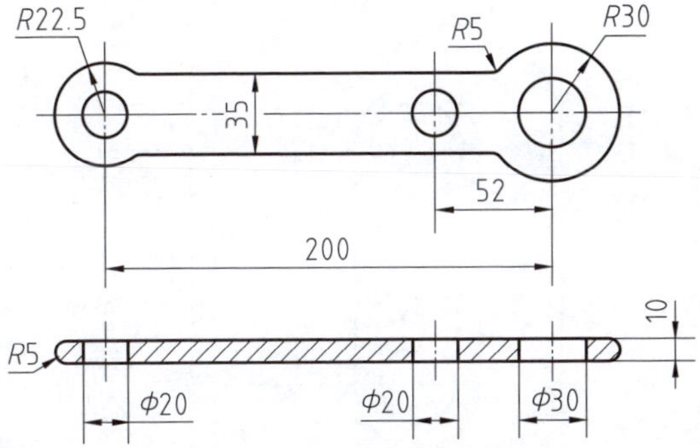

连杆 2

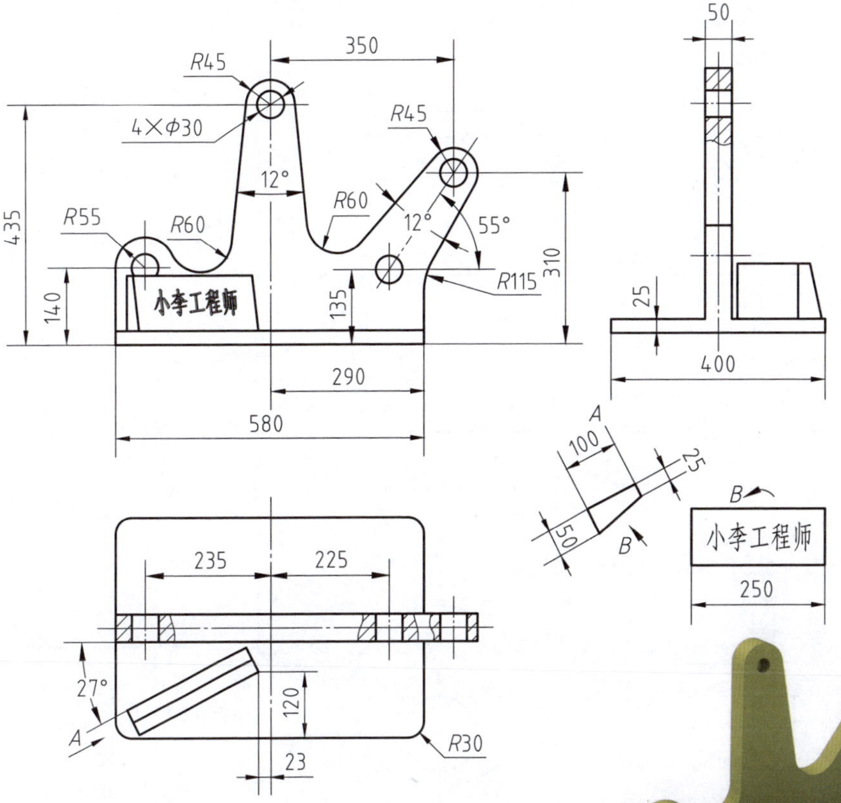

技术要求

文字“小李工程师”采用长仿宋字体，字体高度为35，凸出高度为5。

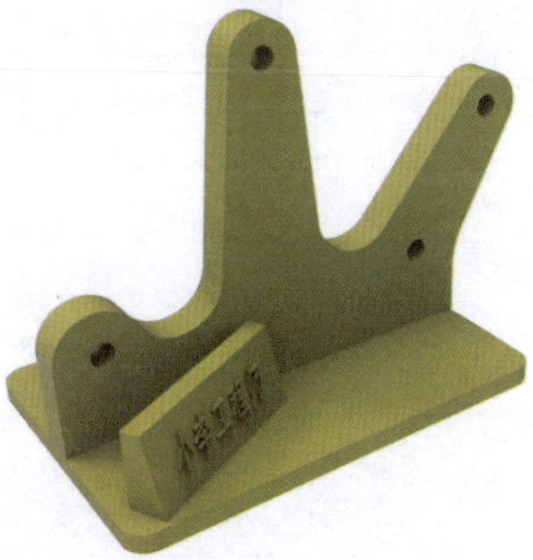

基座

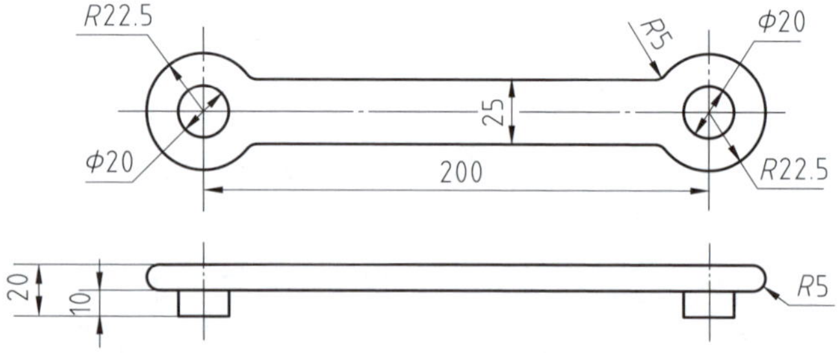

连杆 3

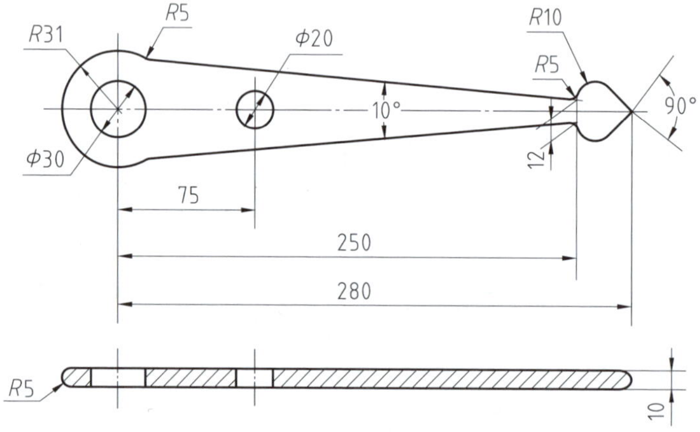

指针

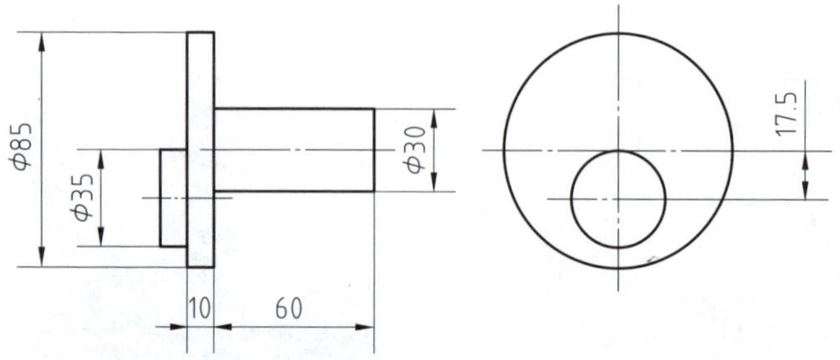

摇杆

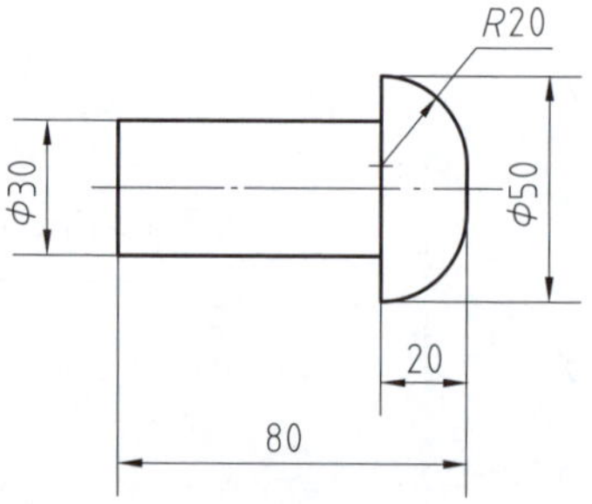

销钉

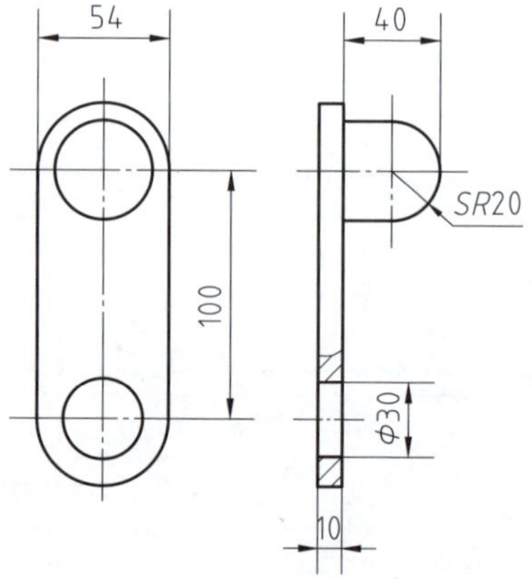

摇把

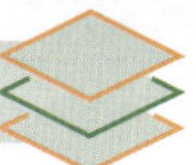

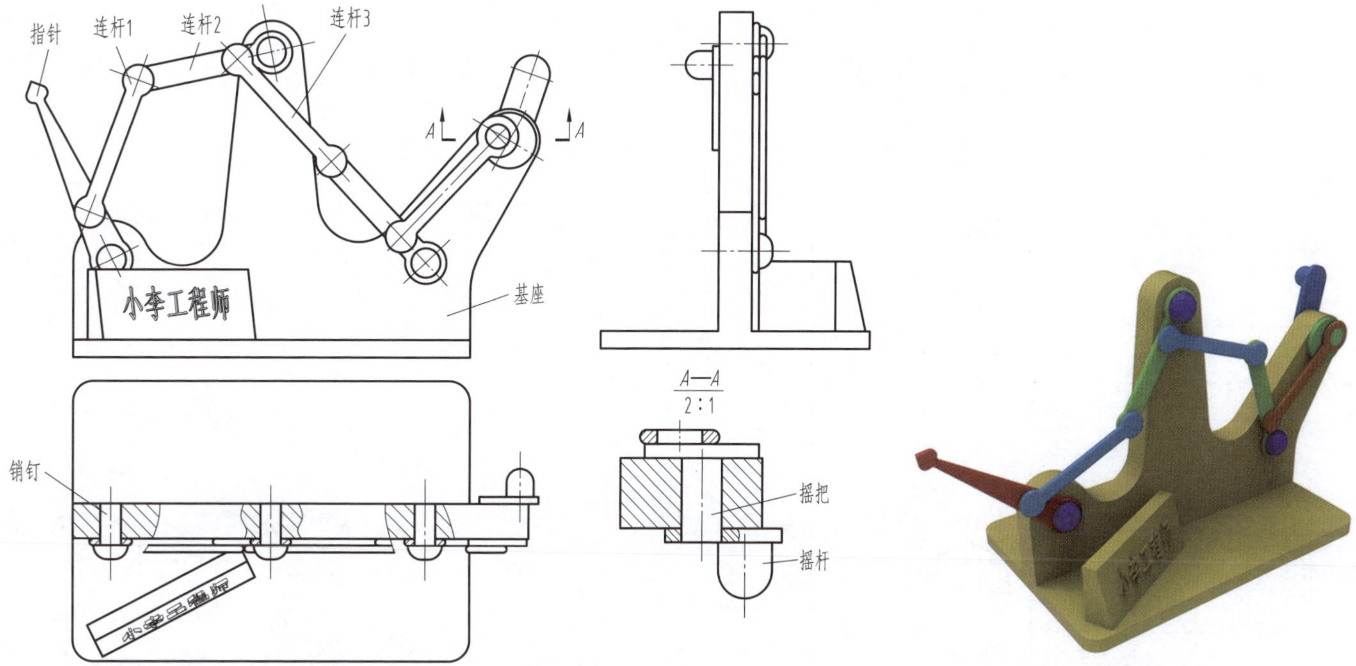

指针
连杆1
连杆2
连杆3
A
A
基座
小李工程师
销钉
A—A
2∶1
摇把
摇杆

连杆运动机构装配示意图

十二、槽轮机构

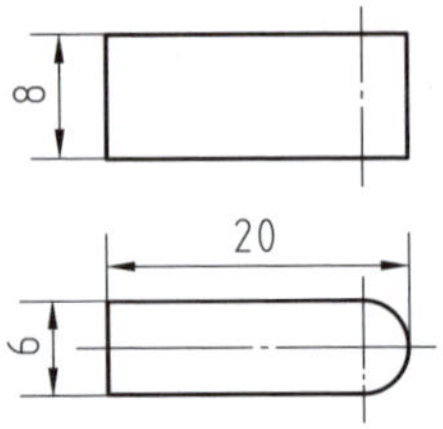

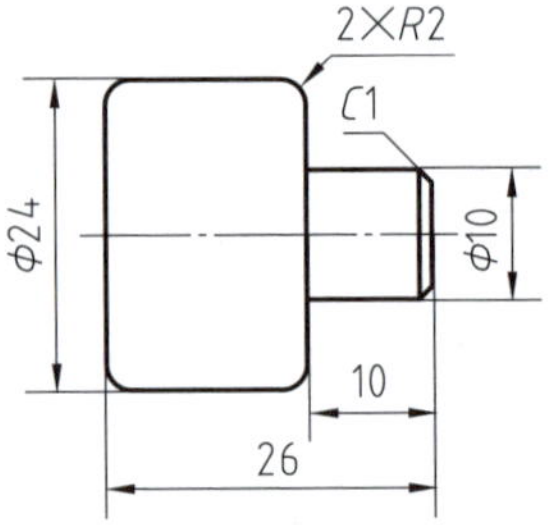

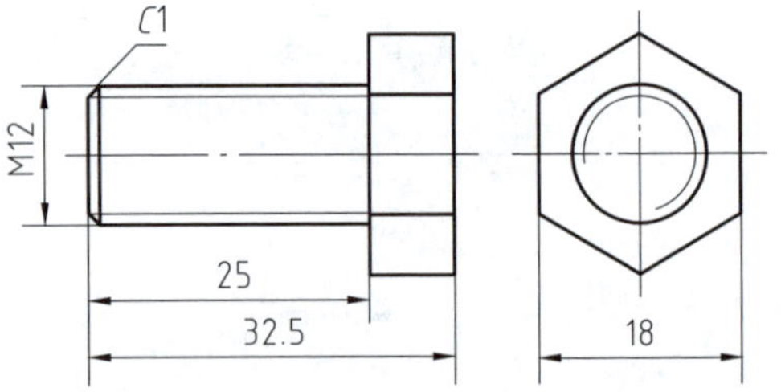

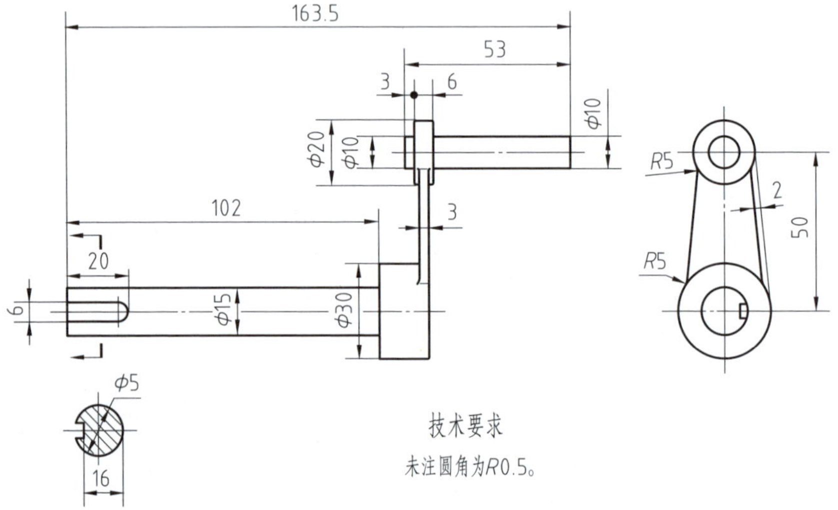

8
20
6
键
2×R2
C1
φ24
φ10
10
26
圆销
C1
M12
25
32.5
18
螺栓
163.5
53
3
6
φ10
φ20
φ10
102
3
20
6
φ15
φ30
R5
2
50
R5
φ5
16
技术要求
未注圆角为R0.5。
摇臂

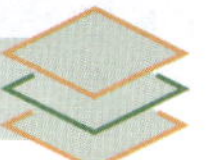

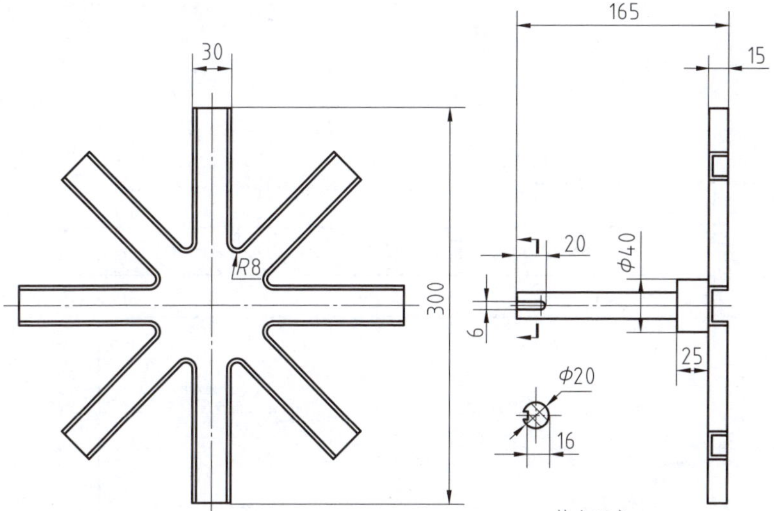

技术要求

轮槽壁厚为$t3$。

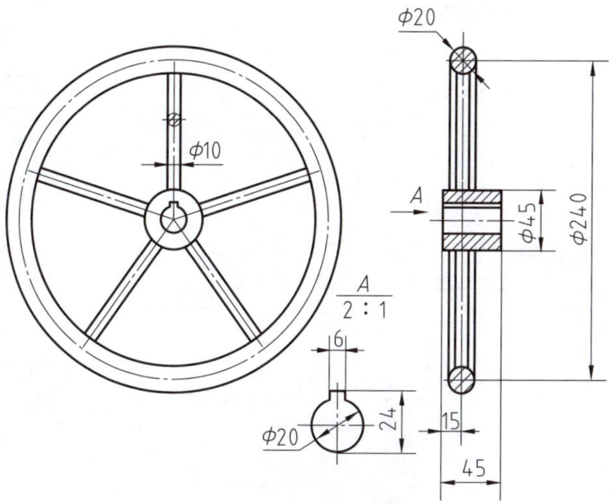

槽轮

轮

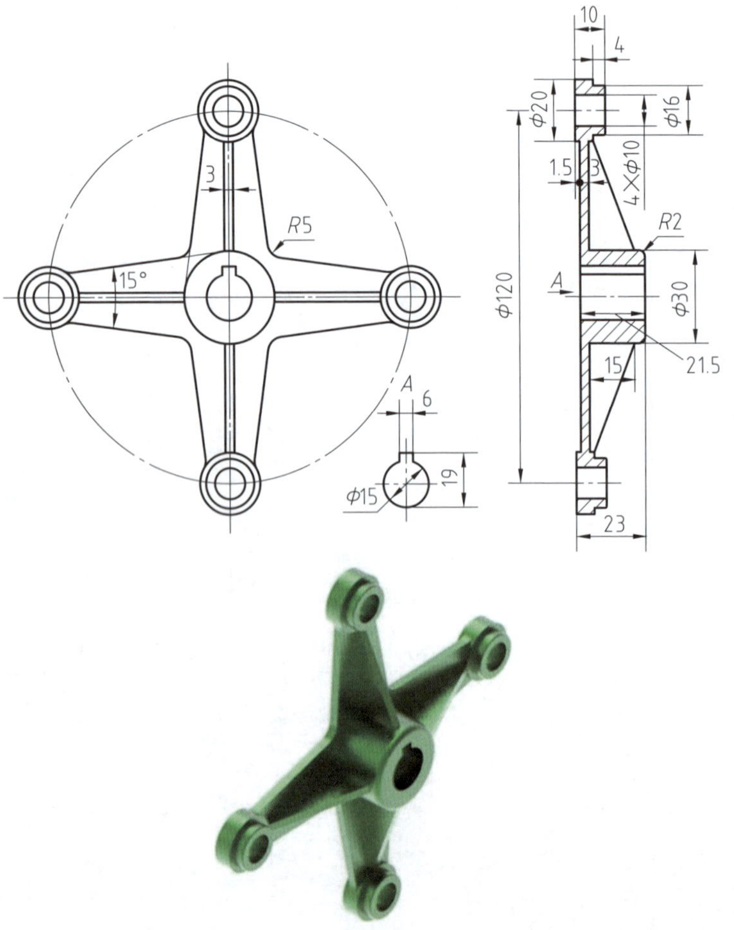

10
4
φ20
φ16
4×φ10
1.5
3
3
R5
R2
15°
A
φ120
φ30
21.5
15
A
6
19
φ15
23

拨盘

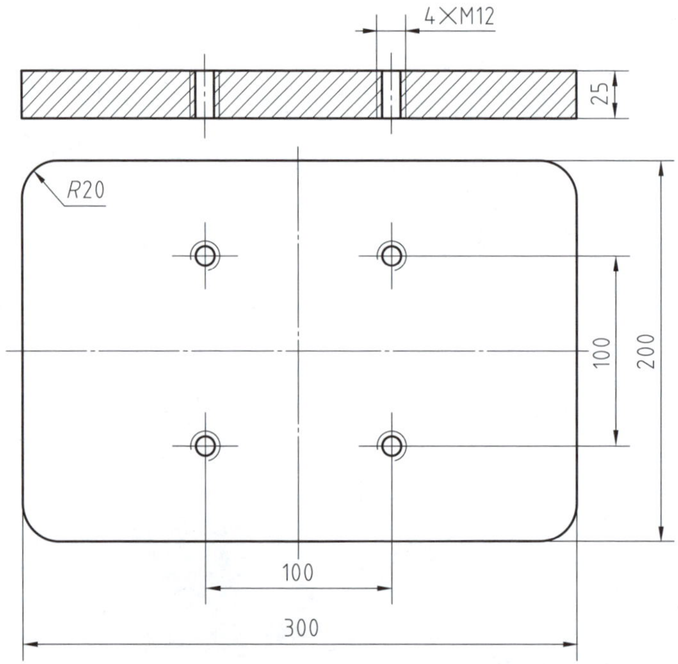

4×M12
25
R20
100
200
100
300

底座

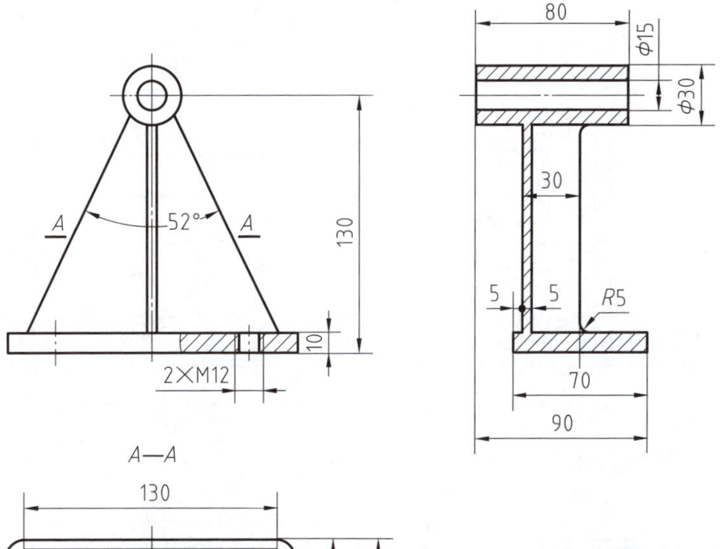
80
Φ15
Φ30
30
5
5
R5
70
90
A
A
52°
130
10
2×M12
A—A

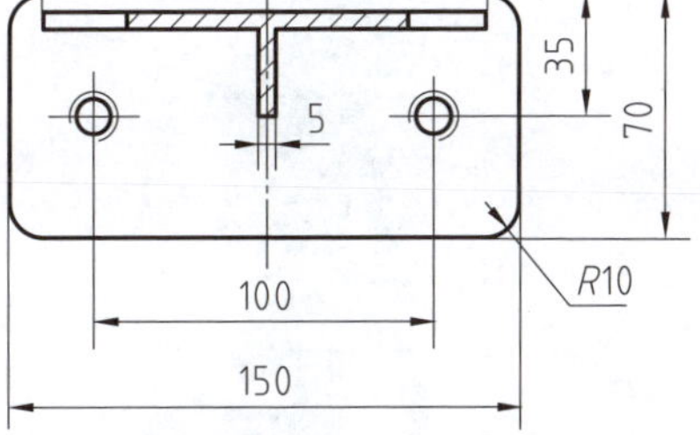
130
35
70
5
R10
100
150

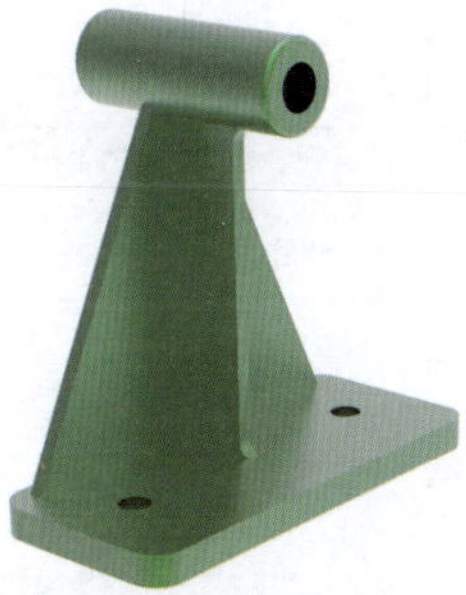

低支架

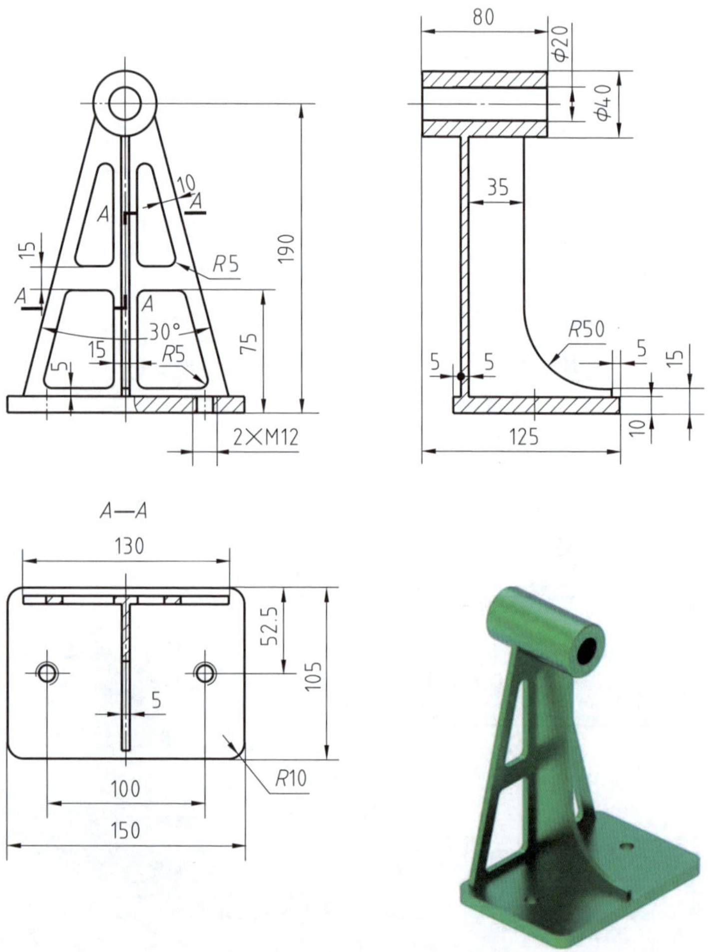

高支架

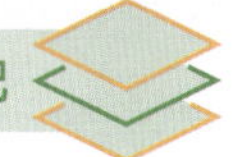

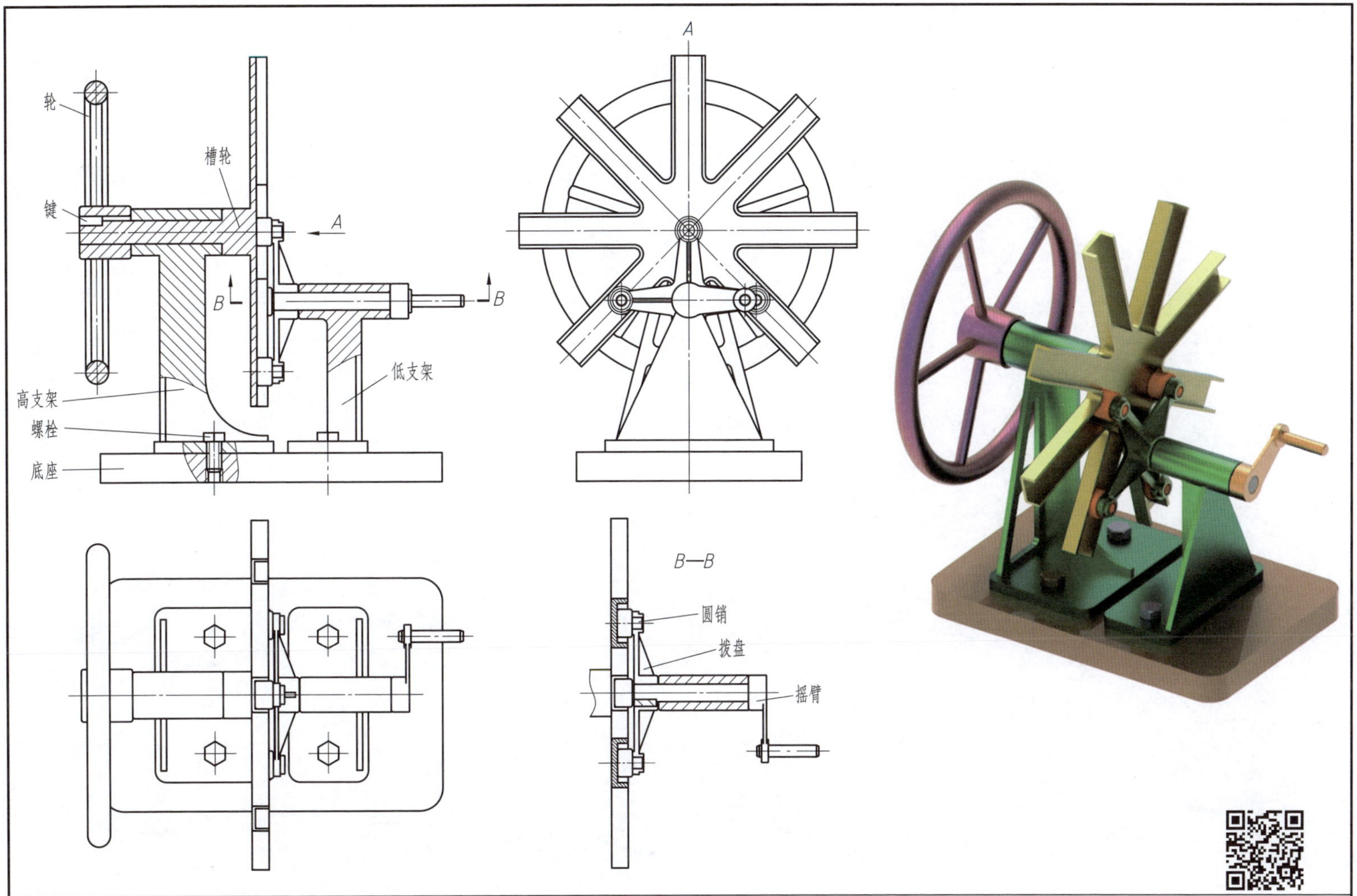

A

轮

槽轮

键

A

B

B

高支架

低支架

螺栓

底座

B—B

圆销

拨盘

摇臂

槽轮机构装配示意图